复杂城市环境下综合交通枢纽成套技术研究丛书

复杂城市环境下综合交通枢纽节能技术研究与应用

朱 颖 李正川 ◎ 总主编
程 娜 林程保 邓建国 刘晓华 郑金磊 姚建波 ◎ 著
李方宇 ◎ 主审

西南交通大学出版社
·成 都·

图书在版编目（CIP）数据

复杂城市环境下综合交通枢纽节能技术研究与应用 / 朱颖，李正川总主编；程娜等著. —成都：西南交通大学出版社，2021.9
（复杂城市环境下综合交通枢纽成套技术研究丛书）
ISBN 978-7-5643-8131-8

Ⅰ. ①复… Ⅱ. ①朱… ②李… ③程… Ⅲ. ①交通运输中心 – 节能 – 研究 – 中国　Ⅳ. ①U115

中国版本图书馆 CIP 数据核字（2021）第 136494 号

复杂城市环境下综合交通枢纽成套技术研究丛书
Fuza Chengshi Huanjing Xia Zonghe Jiaotong Shuniu
Jieneng Jishu Yanjiu yu Yingyong

复杂城市环境下综合交通枢纽节能技术研究与应用

朱　颖　　李正川　◎总主编	策划编辑 / 黄庆斌　周　杨	
程　娜　　林程保　　邓建国　　◎著	责任编辑 / 刘　昕	
刘晓华　　郑金磊　　姚建波	封面设计 / 吴　兵	

西南交通大学出版社出版发行
（四川省成都市金牛区二环路北一段111号西南交通大学创新大厦21楼　610031）
发行部电话：028-87600564　　028-87600533
网址：http://www.xnjdcbs.com
印刷：成都市金雅迪彩色印刷有限公司

成品尺寸　170 mm × 230 mm
印张　10.75　　字数　140 千
版次　2021 年 9 月第 1 版　　印次　2021 年 9 月第 1 次

书号　ISBN 978-7-5643-8131-8
定价　88.00 元

图书如有印装质量问题　本社负责退换
版权所有　盗版必究　举报电话：028-87600562

复杂城市环境下综合交通枢纽
成套技术研究丛书

编委会

主　任　　朱　颖

副主任　　李正川　　李方宇

编　委　　（按姓氏笔画排序）

王明年	毛晓汶	邓建国	石志龙
卢俊宇	吕雄杰	刘贵应	刘晓华
刘　懿	李小珍	李青国	李　航
李爱群	何　川	张万斌	张冬奇
张奇瑞	陈俊敏	林程保	易　兵
郑志明	郑金磊	郑波涛	赵　勇
姜清辉	姚建波	夏臣芝	徐道东
陶思宇	曹林卫	彭小兵	程　娜
曾中林	曾得峰	赖良驹	廖龙涛

前言

当前,能源危机已成为全球化问题,直接影响到社会发展和人民生活的各个方面。在我国能源消耗中,建筑能耗约占全社会终端能耗总量的30%~40%,建筑节能工作是关乎我国经济社会可持续发展的重大战略举措。

就现阶段而言,我国铁路正处于数量大、速度快、标准高的蓬勃建设时期,铁路运站与周边商圈融为一体,形成集客运、商业、酒店、办公等功能为一体的综合交通枢纽,兼具了大型交通枢纽和大型公共建筑的特点,具有旅客出入口多、运营时间长、环境温湿度控制适宜、建筑面积大、建筑空间高大通透等特点。但我国有关铁路客运站等公共建筑的能耗调查正处于起步阶段,针对其能耗特点和大小所采取的节能措施和节能设计还有待进一步开展。

本书在借鉴了国内外已有的成功典型案例的基础上,针对当前大规模建设综合交通枢纽的新形势,以重庆沙坪坝交通枢纽——我国首例铁路车站上盖城市空间的案例为依托项目,开展课题研究来探索适用于包含客站在内的综合交通枢纽的建筑本体节能技术、暖通空调系统节能技术、给排水系统节能技术和电气系统节能技术。该课题的研究成果一方面有利于提高新建交通枢纽各系统的设计和运行管理水平,实现这类特殊的节能运行,在铁路综合交通枢纽开发建设领域具有重要的探索实践价值和示范先导意义；另一方面可为未来同类大量新建铁路综合交通枢纽的节能设计、运营做参考，为其节能减排提供重要的理论基础和技术支撑。该研究是一项迫在眉睫的重要工作。

本书共分 6 章。第 1 章介绍了项目立项的背景、研究目的及意义；第 2 章对国内外交通枢纽节能现状进行了介绍；第 3 章介绍了现代综合交通枢纽的特点及经典案例、项目主要研究内容与目标以及技术路线；第 4 章介绍了项目主要创新点及成果应达到的水平；第 5 章介绍了建筑本体、暖通空调、电气、给排水四大专题的研究成果与结论；第 6 章介绍了研究成果的推广应用情况及所带来的经济社会效益。最后，展示了国家重点节能低碳技术推广目录与建筑业的 10 项新技术。

尽管作者已经倾尽全力撰写此书，但由于时间紧张、编写水平有限，本书仍存在不少疏漏和不足之处，恳请读者批评指正。

著　者

2021 年 6 月

目录
CONTENTS

第 1 章 概 述

1.1 背景及必要性 ································· 001
1.2 研究目的及意义 ······························ 008

第 2 章 国内外节能现状

2.1 铁路综合交通枢纽发展阶段 ················ 010
2.2 国外铁路交通枢纽节能现状 ················ 012
2.3 国内铁路交通枢纽节能现状 ················ 014

第 3 章 主要研究内容、技术路线及目标

3.1 现代综合交通枢纽的特点及经典案例 ······· 018
3.2 依托项目的特点及研究边界 ················ 026
3.3 主要研究内容 ································· 029
3.4 研究总体目标 ································· 032
3.5 研究技术路线 ································· 033

第 4 章　主要创新点及水平

4.1　主要创新点 ………………………… 035
4.2　成果达到的水平 …………………… 037

第 5 章　主要研究成果

5.1　建筑本体专题研究 ………………… 040
5.2　暖通空调研究 ……………………… 069
5.3　电气专题研究 ……………………… 091
5.4　给排水专题研究 …………………… 124
5.5　总　结 ……………………………… 141

第 6 章　成果应用及效益分析

6.1　研究成果推广应用状况 …………… 146
6.2　经济及社会效益分析 ……………… 146

附　录

附录 1　《国家重点节能低碳技术推广目录》
　　　　（2015 年版　节能部分）…………… 148
附录 2　建筑业 10 项新技术
　　　　（2017 版，节选）………………… 154

参考文献

第 1 章

概 述

1.1 背景及必要性

开展复杂城市环境下综合交通枢纽节能措施研究，一是，符合国家、地方政策及可持续发展要求，从国家《"十三五"节能减排综合工作方案》、住建部《建筑节能与绿色建筑发展"十三五"规划》以及重庆市政府发布的公共机构节能"十三五"规划等一系列政策，均对建筑节能减排工作提出了具体的要求和标准；二是，顺应铁路交通枢纽迅猛发展的规划要求，从铁路的各种专项规划如《"十三五"现代综合交通运输体系发展规划》《中长期铁路网规划》《铁路"十三五"发展规划》等可知，铁路向一体化综合交通枢纽的发展趋势明显，随之带来的能源消耗量也势必增长，如何面对发展新形势，是当务之急；三是，能够满足综合交通枢纽节能发展的需求，更好履行节能减排的社会责任。现阶段交通枢纽的单位面积运行能耗指标远高于一般公共建筑，探究关键节能问题根源、提出有效节能措施、寻找可大幅度降低枢纽建筑运行能耗的有效途径亟待解决。

因此，针对当前大规模建设铁路综合交通枢纽的新形势，非常有必要通过开展课题研究来探索适用于综合交通枢纽的节能措施。本书也将以重庆沙坪坝项目作为先行先试的示范点，展开具体节能措施的研究。

1. 符合国家、地方政策及可持续发展要求

当前能源危机已成为全球化问题，直接影响到社会发展和人民生活的各个方面。在我国能源消耗中，建筑能耗约占全社会终端能耗总量的 30%～40%，建筑节能工作是关乎我国经济社会可持续发展的重大战略举措。

以下是国家、相关部委、地方最新出台的与节能减排、建筑节能等相关的工作方案、规划。

国家方面：2017 年 1 月，国务院印发了《"十三五"节能减排综合工作方案》（国发〔2016〕74 号）（以下简称《工作方案》）。《工作方案》明确了"十三五"节能减排目标：① 节能方面，提出到 2020 年全国万元国内生产总值能耗比 2015 年下降 15%，能源消费总量控制在 50 亿吨标准煤以内；② 减排方面，提出全国化学需氧量、氨氮、二氧化硫、氮氧化物排放总量分别控制在 2 001 万吨、207 万吨、1 580 万吨、1 574 万吨以内，比 2015 年分别下降 10%、10%、15% 和 15%。全国挥发性有机物排放总量比 2015 年下降 10% 以上。

住建部方面：2017 年 3 月，住建部印发的《建筑节能与绿色建筑发展"十三五"规划》的目标是，到 2020 年，城镇新建建筑能效水平比 2015 年提升 20%，部分地区及建筑门窗等关键部位建筑节能标准达到或接近国际现阶段先进水平。城镇新建建筑中绿色建筑面积比重超过 50%，绿色建材应用比重超过 40%。完成既有居住建筑节能改造面积 5 亿平方米以上，公共建筑节能改造 1 亿平方米，全国城镇既有居住建筑中节能建筑所占比例超过 60%。城镇可再生能源替代民用建筑常规能源消耗比重超过 6%。经济发达地区及重点发展区域农村建筑节能取得突破，采用节能措施比例超过 10%。

地方政府方面：作为我国重要的现代化城市，重庆早已将开展建筑节能工作以降低建筑运行能耗特别是空调系统能耗作为切实履行国家节能减排战略、实现经济社会又好又快发展的重要举措。

2016年12月，重庆市人民政府印发的重庆市公共机构节能"十三五"规划提出，以2015年能源资源消费为基数，到2020年，实现人均综合能耗下降11%、单位建筑面积能耗下降10%，人均用水量下降15%。

综合以上国家、部委和地方制定的"十三五"规划目标，可以看出建筑节能依然是国家和地方政府近期工作的主要任务，任重而道远。

2．顺应铁路交通枢纽迅猛发展的规划要求

铁路交通运输是城市对外和对内交通的桥梁与纽带，是国民经济中基础性、先导性、战略性产业，是重要的服务性行业。当前，伴随着我国铁路事业的蓬勃发展，铁路客运站正在向由铁路、公路、城市轨道交通、公交等各种运输方式共同组成的多层次交通枢纽发展。客运站周边进行大量商业开发，使客运站与周边商圈融为一体，形成集客运、商业、酒店、办公等功能为一体的综合交通枢纽。以下为未来短期内铁路运输的发展规划。

（1）《"十三五"现代综合交通运输体系发展规划》。

2017年2月28日，国务院根据国家"十三五"规划纲要，并与"一带一路"建设、京津冀协同发展、长江经济带发展等规划相衔接，制定了《"十三五"现代综合交通运输体系发展规划》。该规划指出，"十二五"期间，铁路、民航客运量年均增长率超过10%，铁路客运动车组列车运量比重达到46%。如表1-1所示为"十二五"末我国铁路基础设施完成情况。

表1-1 "十二五"末铁路基础设施完成情况

指 标	单 位	2010年	2015年	2015年规划目标
铁路营业里程	万千米	9.1	12.1	12
其中高速铁路	万千米	0.51	1.9	—

规划还指出，与"十三五"经济社会发展要求相比，综合交通运输发展水平仍然存在一定的差距。因此，在"十三五"时期，我国交通输运发展正处于支撑全面建成的攻坚期、优化网络布局的关键期/提质增效升级的转型期，将进入现代化建设新阶段，并提出了综合交通运输发展的主要指标。

规划的主要目标是到2020年，基本建成安全、便捷、高效、绿色的现代综合交通运输体系，部分地区和领域率先基本实现交通运输现代化。与铁路运输相关的主要目标是

① 网络覆盖加密拓展。高速铁路覆盖80%以上的城区常住人口100万以上的城市。

② 综合衔接一体高效。各种运输方式衔接更加紧密，重要城市群核心城市间、核心城市与周边节点城市间实现1～2h通达。打造一批现代化、立体式综合客运枢纽，旅客换乘更加便捷。

"十三五"铁路运输发展的主要指标如表1-2所示。

表1-2 "十三五"铁路运输发展主要指标

指　　标	单　　位	2015年	2020年	属　　性
铁路营业里程	万千米	12.1	15	预期性
其中高速铁路	万千米	1.9	3.0	预期性

规划提出未来工作还需提升综合客运枢纽站场一体化服务水平。按照零距离换乘要求，在全国重点打造150个开放式、立体化综合客运枢纽。科学规划设计城市综合客运枢纽，推进多种运输方式统一设计、同步建设、协同管理，推动中转换乘信息互联共享和交通导向标识连续、一致、明晰，积极引导立体换乘、同台换乘。

（2）《中长期铁路网规划》。

2004年国务院批准实施第一版《中长期铁路网规划》，我国铁路实现了快速发展，为加快构建布局合理、覆盖广泛、高效便捷、

安全经济的现代铁路网络，更好发挥铁路骨干优势作用，推进综合交通运输体系建设，支撑引领我国经济社会发展，在深入总结原规划实施情况的基础上，结合发展新形势新要求，于 2016 年 3 月修编了《中长期铁路网规划》。该规划是我国铁路基础设施的中长期空间布局规划，是推进铁路建设的基本依据，是指导我国铁路发展的纲领性文件。规划期为 2016—2025 年，远期展望到 2030 年。该规划对近期的目标与《"十三五"现代综合交通运输体系发展规划》基本一致，同时还对远期确定了明确目标。该规划目标包括

① 到 2020 年，一批重大标志性项目建成投产，铁路网规模达到 15 万千米，其中高速铁路 3 万千米，覆盖 80% 以上的大城市，为完成"十三五"规划任务、实现全面建成小康社会目标提供有力支撑。到 2025 年，铁路网规模达到 17.5 万千米左右，其中高速铁路 3.8 万千米左右，网络覆盖进一步扩大，路网结构更加优化，骨干作用更加显著，更好发挥铁路对经济社会发展的保障作用。展望到 2030 年，基本实现内外互联互通、区际多路畅通、省会高铁连通、地市快速通达、县域基本覆盖。

② 完善广覆盖的全国铁路网。连接 20 万人口以上城市、资源富集区、货物主要集散地、主要港口及口岸，基本覆盖县级以上行政区，形成便捷高效的现代铁路物流网络，构建全方位的开发开放通道，提供覆盖广泛的铁路运输公共服务。

③ 建成现代的高速铁路网。连接主要城市群，基本连接省会城市和其他 50 万人口以上大中城市，形成以特大城市为中心覆盖全国、以省会城市为支点覆盖周边的高速铁路网。实现相邻大中城市间 1~4 h 交通圈，城市群内 0.5~2 h 小时交通圈。提供安全可靠、优质高效、舒适便捷的旅客运输服务。

④ 打造一体化的综合交通枢纽。与其他交通方式高效衔接，形成系统配套、一体便捷、站城融合的铁路枢纽，实现客运换乘"零距离"、物流衔接"无缝化"、运输服务"一体化"。

(3)《铁路"十三五"发展规划》。

2017年11月20日，国家发展改革委、交通运输部、国家铁路局、原中国铁路总公司联合印发了《铁路"十三五"发展规划》。规划的铁路发展总指标同"十三五"的一致，其他与铁路运输相关的内容如下几点：

① 路网建设。

a. 东部路网持续优化完善，中西部路网规模继续扩大，西部与东中部联系通道进一步拓展，区域内部联系更加紧密，中西部路网规模达到9万千米左右。对外通道建设有序推进，与周边国家铁路互联互通取得积极进展。

b. 经济发达、人口稠密、城镇密集地区形成城际、市域（郊）铁路骨架网络，其他适宜区域因地制宜、量力而行布局建设，城际和市域（郊）铁路规模达到2 000千米左右。

c. 建成一批设施设备配套完善、现代高效的综合交通枢纽，建设支线铁路约3 000千米，铁路与其他运输方式一体衔接效率明显提升，基本实现客运"零距离"换乘和货运"无缝化"衔接。

② 运输服务。

a. 全国铁路网基本覆盖城区常住人口20万以上城市，高速铁路网覆盖80%以上的大城市。

b. 动车组列车承担旅客运量比重达到65%。实现北京与大部分省会城市之间2~8 h通达，相邻大中城市1~4 h快速联系，主要城市群内0.5~2 h便捷通勤。

(4) 重庆市"十三五"规划纲要。

2016年2月，重庆市人民政府印发了"十三五"规划，关于基础设施，要求加快建设铁路大通道。着力发展高速铁路，建设"米"字型高铁网和一批铁路干线及园区铁路专线，推进沿江货运铁路等重大项目前期工作，新增铁路里程1 000千米，总里程超过2 500千米。加强铁路客货枢纽建设，形成"三主两辅"客运枢纽格局，年客运发送能力达到 1.8 亿人次，形成"1 + 15"铁路货运枢纽格局，年货运能力达到 5 600 万吨。积极推进利用干线铁路富余能力开行市郊列车。

从以上规划可看出，"十三五"是我国铁路发展的关键时期，国家还将持续投入建设大量铁路基础设施，打造大量的铁路交通枢纽，那么，用于铁路交通枢纽的能源消耗将进一步剧增，必然是节能减排工作重点关注对象。因此，如何切实做好这些新建客站的建筑节能工作，是当前一个亟待解决的重要课题。

3．满足综合交通枢纽节能发展的需求

铁路综合交通枢纽兼具大型交通枢纽和大型公共建筑的特点，具有旅客出入口多、运营时间长、环境温湿度控制适宜、建筑面积大、建筑空间高大通透等特点。根据能耗调研数据显示，交通枢纽的单位面积运行能耗指标远高于一般公共建筑。以客站（QD）为例，其运行能耗为同区域普通公共建筑的 2～3 倍（见图 1-1）。

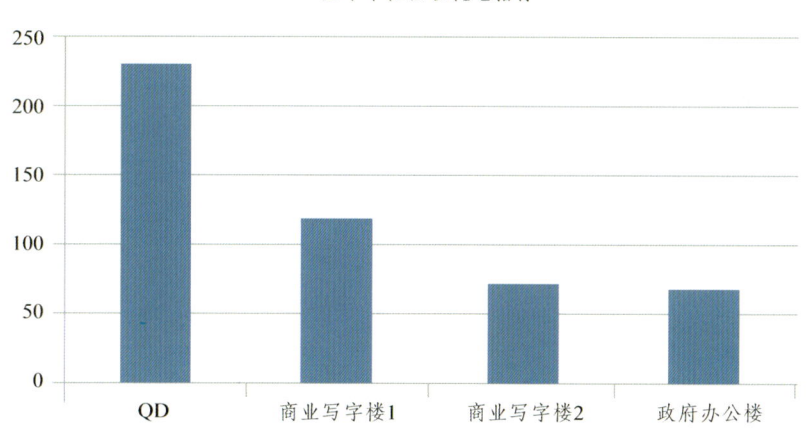

图 1-1　客站与普通公共建筑能耗比较［单位：kW·h/（m²·a）］

基于上述背景，为满足综合交通枢纽发展的需求，同时避免由于大规模建设造成总能耗和单位面积能耗迅速上升，我们需针对铁路综合交通枢纽的建筑及用能系统进行深入分析，探究关键节能问题的根源，提出有效节能措施，寻找可大幅度降低枢纽建筑运行能耗的有效途径。因此，针对当前大规模建设铁路综合交通枢纽的形势，非常有必要通过开展课题研究来探索适用于综合交通枢纽的节能措施，有助于切实提高新建交通枢纽的各系统设计和运行管理水平，从而实现这类特殊场合节能运行，为节能减排事业提供重要的理论基础和技术支撑。

1.2 研究目的及意义

综合交通枢纽是城市大量人流的交汇点，城市多种交通工具在此进行立体接驳。其在建筑设计、使用情况等方面均与一般公共建筑有明显区别，综合交通枢纽具有建筑形体高大通透、人流密度大、运营时间长、能耗密度高等特点。然而我国综合交通枢纽建设及研究正处于起步阶段，面向一般公共建筑的《公共建筑节能设计标准》缺乏对大型综合交通枢纽建筑的针对性，不能完全适应其建筑节能的需求。若直接参照普通公共建筑节能方法开展综合交通枢纽的节能工作，不能达到最优节能效果。另外，目前国外尚没有专门针对铁路客站的建筑节能设计指南，而且国外的交通枢纽特点与中国不同，无法直接借鉴。

我国铁路正处于历史上前所未有的数量大、速度快、标准高的蓬勃建设时期，未来将还会有大量的铁路客运专线需要投入建设，同时也会有大量的现代综合铁路综合枢纽陆续开工建设、投入使用。为实现国家节能减排目标，对以铁路为核心的综合交通枢纽展开系统的节能措施研究是当前最重要的工作。因此，需要专门针对综合交通枢纽的特征进行用能系统的设计和运行管理，并合理利用自然条件，将综合交通枢纽建设为科学先进的节能建筑。同时，还将以具有典型铁路综合交通枢纽特征的项目作为研究课题的依托项目进行深入节能措施研究，使各节能关键问题的研究方法具体化。

该课题的研究成果将在铁路综合交通枢纽开发建设领域具有重要的探索实践价值和示范先导意义，可为未来同类大量新建铁路综合交通枢纽的节能设计、运营做参考，是一项迫在眉睫的重要工作。

第 2 章

国内外节能现状

2.1 铁路综合交通枢纽发展阶段

自从第一座火车站问世以来,铁路客站距今已有 180 多年历史,它历经三个发展阶段之后,现在已跨入第四个发展阶段。

第一阶段为 19 世纪 30 年代到 40 年代。当时铁路运输刚起步,车站大多数很简陋,只是在普通房屋旁加上一个挡雨防晒的站棚,有的甚至只在铁路旁搭一个雨棚。这一时期的车站以站台为主体,成为区别于其他建筑的最大特征。

第二阶段为 19 世纪 50 年代到 20 世纪初。由于经济、技术的迅速发展,这段时期成为铁路建设大发展的时代,火车站的设计也日臻成熟。火车站明确划分为站前广场、站房、站台 3 部分。候车厅成为车站的主体,占用最多的建筑面积,而且功能分区详细而等级有序。这一时期的客站拥有宏伟华丽的主站房、豪华的候车厅以及跨度极大的月台大厅。

第三阶段为 20 世纪 20 年代到 60 年代。20 世纪初以来,由于两次世界大战的影响,欧美国家经济实力普遍不足,加上汽车、飞机的出现,与铁路运输展开了竞争。铁路因为存在速度慢、运送旅客效率低和自身运营的问题,逐渐开始走下坡路。这段时期,铁路客站的建设也处于低潮。由于社会生活节奏的加快,再加上 20 世纪初的现代主义建筑运动对当时的客站建筑的巨大影响,客站设计开始重视高效率的流线组织，去掉一些不必要的空间和分隔，平面更加紧凑，使用率也大大提高。客运站建筑造型趋向简洁明快，呈现出交通建筑特征。20世纪50年代以后，以日本为代表的一些发达国家开始发展高速铁路。候车厅逐渐萎缩甚至取消，取而代之的是一个多功能大厅，旅客需要的绝大部分服务都可以在这个空间内完成。这种复合的多功能空间组织，使得客站内部的流线组织进一步简化，同时也极大地提高了客站空间的使用效率，形成了显著的交通建筑的功能特征。

第四阶段为自20世纪70年代至今。20世纪70年代以后，全球出现大范围的能源危机，铁路以其安全、节能、经济、环保、全天候的特点又得到了各国的重视。由于铁路客运接发车方式的不断改进，再加上各种交通方式相互换乘的要求，很多国家开始建设集多种交通工具和多种服务功能于一身的客站综合体。客站设计从平面思维转变为立体思维，向高空以及地下扩展，站前广场、站房、站台之间的界线逐渐模糊，融合在一个巨大空间之中；在保证各种流线在交通建筑中快速通过原则的前提下，对车站自身及其周边地区进行综合开发。这一类型车站的出现，既适应了现代社会高效率、快节奏的生活方式，又符合城市经济结构的发展。

专栏　国外经典案例——日本京都车站

日本京都车站，具有现代交通枢纽综合性的特点，设有酒店、商业设施、表演场所、大面积的停车场地，以及供市民举办展览的城市广场等作为与城市公共空间紧密结合的成功案例，京都车站重新诠释了当代车站的功能形式。它突破了传统交通建筑的唯一属性，并将其内部功能尽可能用于城市共享，将城市广场和多种复合的功能引入建筑内部。车站包括酒店、百货、电影院、购物中心、博物馆、展览厅、大型立体停车库。

2.2 国外铁路交通枢纽节能现状

目前，发达国家已普遍把建筑节能列为重要方向，并不断修订建筑标准。1974年，法国率先制定了建筑节能标准，要求新建住宅的采暖能耗必须比以前节约25%，这个标准后来成为欧洲各国节能标准的楷模。1982年和1989年，法国又两次提出各提高25%的节能指标，对公共建筑和旧有住宅改造也提出了节能标准。时至今日，法、德、英等国对标准已修订了4次。丹麦也是在降低能耗方面取得显著成绩的国家之一，于1972年至1998年间修订过6次建筑标准。发达国家每次修订标准都要求进一步改善建筑围护结构热工性能。近几十年来，这些国家建筑围护结构热工性能指标提高了3~8倍。根据建筑标准要求，不仅新建建筑保温隔热性能越来越好，既有建筑还进行了大规模高标准的节能改造。与此同时，比一般标准能耗低得多的低能耗建筑和零能耗建筑也在建造，包括住宅和商业建筑，其中许多建筑利用了太阳能、地热能等可再生能源，对经济社会可持续发展起到了良好的示范和促进作用。

国外铁路客站从最初的以站台为主体的建筑形式到今天的客站综合体，其设计随着现代铁路运输业的不断发展而日臻成熟。对比发达国家的建筑节能发展史可知，国外公共建筑节能标准化始于20世纪70年代，此时的铁路客运站正处于客站综合体发展阶段，铁路的电气化和高速化也正成为该时期铁路运输业的发展方向。自从日本的第一条速度为200多千米/小时的"新干线"高速铁路问世以来，很多发达国家开始致力于发展高速铁路。法国的TGV、德国的ICE是欧洲高速铁路的代表，运行速度都在250~300千米/小时。大量高速列车客运站也应运而生，巴黎蒙巴那斯站、巴黎北站、巴黎的两个地下火车站——奥斯曼圣拉扎站和马让达站、法国埃维纽站、罗马蒂伯提那站、韩国仁川国际机场交通中心等都是这一时期的作品。大多数作品都注重采用生态的策略，降低建筑能耗，为交通建筑节能设计起到了良好的示范作用。此外，国外还有一批历史悠久的火车站经过数次翻修后成为今天的模样。这些作品随着时代的发展不断演变的同时也非常注重建筑节能，所用建筑材料丰富，技术精美。即使车站进深很大，大面积的玻璃天窗也能使自然光覆盖到车站的主要区域，自然采光效果非常好，如英国的利物浦车站、法兰克福中央火车站以及罗马中央火车站等。由于目前有关介绍国外铁路客运站的文献大多从建筑创作的角度，对作品加以分析，而涉及建筑节能方面的内容很少，所以这里只能结合国外建筑节能发展概况与铁路客运站发展历程来对国外铁路客运站建筑节能发展概况略加分析。以下重点介绍两个交通建筑来了解国外铁路客运站的一些建筑节能设计手法。

韩国仁川国际机场交通中心建造在汉城西部一块回收的土地上。工程的关键是运输中心，它是整个交通系统的枢纽，包括了4条铁路干线，5 000个地下停车位和1个行人疏导系统，每年可以接待6 000万旅客。其设计由泰瑞·法莱尔事务所、萨姆以及DMJV工事务所合作完成。交通中心模仿韩国文化，由一个35米×15米大的玻璃风板覆盖，它像一座风塔，将室外空气途经庭院抽入，犹如天然的空气滤清器，每年有一半的时间用它作为自然通风，剩下的时间能在距地面3米高的范围内提供宜人的气候，以便节省整个大空间的空调费用。为了与工程的目标一致，这些功能性构件转化为反映韩国文化、飞行以及未来的形象，这种将功能与美学结合的设计方法仍在延续，例如地下停车场。地下停车场使设计师能为地面上的巨型大堂周围提供一个景观绿化带，200米长的步行长廊连接着停车场和大厅，不仅在景观上是一个有利的美学要素而且又为停车场提供了新鲜空气。

德国斯图加特火车站，占地约100万平方米，站台长约400米，其中200米延伸到城市的中心绿地——宫殿花园，位于老城的边沿及老火车站博拉兹北侧。设计师特里斯多夫·英恩霍文在查看基地后的构想是，保持宫殿花园的完整性，让轨道从地面消失，为城市创造一个绿色环境的未来空间。于是，一个童话般的构想产生了：做一个火车站在地下，加上一个顶，几个洞，几个点。富有韵律系列的"光眼"构成了一副梦幻般的画面，并成为了新城与老城的连接链。经过结构工程师和设计师的共同努力，膜结构的"光眼"模型发展成型。钢网结构与混凝土结合并形成了封闭的骨架，构成了一个屋顶基础。自然光通过拱形玻璃顶均匀地撒入大厅，即便在阴天也能感受到舒适的光线。由于这种膜结构形式，地道中的全年平均气温度可控制在 10 ℃ 左右。在考虑气流的情况下计算：由于高差的原因形成地下站台的烟囱效应，夏天气温很少超过 20 ℃，冬天则很少低于 0 ℃。由于自然气候的原因，冬夏季将有不同温度的气流进入地下站台。这种冲击气流通过"光眼"，在没有人工换气装置的情况下进入地下。在冬天，可以通过一个自动装置来阻挡低温气流的进入。该设计通过工作模型、电脑模拟，从城市关系，空间形成，能源节约，到技术可行性及造价分析，进行了一系列反复的推敲比较，并证明此方案切实可行，城市建筑、生态与技术得到充分的柔和。科学技术的发展与经济规律都影响着人们的生活方式。建筑作为人们生产生活的物化表现形式也遵循着一定的发展规律。了解发达国家的铁路客运站建筑节能发展概况对我们有很好的借鉴意义。

2.3 国内铁路交通枢纽节能现状

我国建筑节能工作始于 20 世纪 80 年代初期，建筑节能标准化工作经历了一个较长的发展时期后，取得了阶段性的成果。首先政府为推动建筑节能工作的顺利开展，进行了长远规划。当前我们要逐步实现的目标是《建筑节能"九五"计划和 2010 年规划》。这本规划在节能建筑类型方面，明确了从居住建筑开始，而后将推动公共建筑的节能工程；在地域上，指出了节能工程逐步由北方开始，然后发展到中部夏热冬冷地区。这本规划的颁布为我国公共建筑节能工程的启动奠定了基础。同时，原建设部针对原有建筑的节能改造和新建建筑的节能设计，制定了一系列法律、法规，并组织立法，在具体设计中强制实施。此外，政府也组织有关部门与高校联手坚持不懈地开展建筑能耗调查与研究工作，为推动后期的节能标准化工作提供了大量详实的素材。

  建筑节能工作最初开始于采暖地区居住建筑的节能，经过多年的努力，相关的法律、法规已日趋完善，而大型公共建筑能耗问题日益突出，并且目前为止公共建筑节能工作的开展远远少于居住建筑，所以当前将节能工作的重心向公共建筑转移具有一定的必要性。相关论文方面已有涉及办公建筑、商场、仓储类建筑等公共建筑方面的节能研究。《公共建筑节能设计标准》颁布实施后，相关的修订工作将在以后的实践和研究的过程中继续深入与完善。就推广方向而言，我国民用建筑节能从严寒地区、寒冷地区兴起后，已开始发展到夏热冬冷地区。这是我国建筑节能事业的发展趋势。

  随着我国铁路交通事业的迅速推动，铁路客站的建设也进入高速发展阶段，与建筑节能工作的蓬勃开展正处于同一时期。铁路客站作为能耗巨大的大型公共建筑类型之一，其节能设计也是建筑节能工作的一个重要课题。处于新建或改造中的铁路客站的建筑节能设计都需要以相关法律、法规作为基本的设计依据。旧版公共建筑节能设计标准于 2005 年 07 月开始实施，2015 年完成更新。随着它的出台，我国公共建筑节能标准化工作开始全面展开，所有公共建筑节能设计开始遵循此标准，其中也包括铁路客站的建筑节能设计。从 2005 年至今，许多客站的新建和改造工作如火如荼地进行。一般铁路交通枢纽日均上下车及换乘旅客、日均装卸车数量、日均办理有调作业车辆都比较大，属于特等站、一等站、二等站，地处较偏远的也为三等站。到 2013 年 10 月底，已建成特等站 51 个，一等站209个、二等站313个、三等站826个，这些车站分布在不同的气候区。当前的铁路客站设计已由单一功能向综合型发展，建筑形式也越来越多样化，由此带来的建筑能耗问题已引起广泛关注。

目前我国有关铁路客运站等公共建筑的能耗调查处于起步阶段，开展关于铁路客运站节能措施研究的并不多，且大部分内容只针对用能占比最大的空调系统展开研究。

在研究方面，重庆大学的杨秀娥利用能耗模拟软件Equest进行空调系统的能耗进行模拟，其中利用部分已运营火车站空调系统实测数据作为边界条件，对成都市火车新站的空调系统进行了能耗模拟，研究空调负荷和能耗的构成特点，提出了新站车站天窗、玻璃幕墙遮阳、空调系统的有效合理节能方案。东华大学的吴佳艳利用数值模拟及理论研究法对夏热冬冷地区高大空间的空调负荷特性分析、空调气流组织分层特性及冬季节能潜力分析、自然能源再生式溴化锂溶液除湿制冷技术的可行性、改善围护结构热工性能的节能方案进行研究。

在实际工程设计阶段开展节能专题并确定优化方案的项目是深圳福田综合交通枢纽（见图2-1），它是国内第一座地下综合交通枢纽，也是国内首个大型地下铁路车站，其定位是重要的城际铁路枢纽，位于福田区的核心商务区，周边有市级文化基础设施，总建筑面积约14万平方米，是集高铁、城际铁路、轨道交通、公交以及出租等多种交通设施于一体的立体式综合交通枢纽。作为国内首座位于城市中心区的全地下火车站，它不仅方便了广州、深圳、香港三地市民，而且进一步加强了深圳的竞争力，有利于珠三经济快速发展。福田枢纽是城市中心区的大型综合交通枢纽工程，其规划、设计及建设均是巨大难题，依靠科技攻关，大量新技术、新材料、新工艺是进行枢纽建设必须采取的措施。采取的新技术、新材料、新工艺有（1）利用仿真技术，对枢纽的客流组织、车流组织、紧急疏散等进行模拟，对枢纽建成后的使用效果进行预评价；（2）采用钢管柱、型钢混凝土梁等,加大了地下结构的跨度,方便使用,丰富及美化了地下空间效果;(3)利用分时电价政策,采用水蓄冷技术,节省运营费用,符合国家产业政策发展方向,平衡电网负荷,减少电厂投资,净化环境;(4)公共区照明及标识导向系统均采用LED照明,相对传统照明节能80%,使用寿命相比传统照明延长10倍。

图 2-1 福田站示意图

总而言之,节能减排作为一项国策在积极推行,我国的建筑节能工作已取得了阶段性的成果,但是对比发达国家仍然有较大差距,目前还缺乏对铁路交通枢纽建筑节能的针对性、系统性研究。客站作为一类公共建筑,在建筑节能工作上具有自身的特点,亟需深入系统的理论指导和设计规范。为了能够更好地开展铁路客站的建筑节能相关工作,有必要尽快出台针对铁路客站节能的相关标准规范。

第 3 章

主要研究内容、技术路线及目标

3.1 现代综合交通枢纽的特点及经典案例

铁路客运站是城市大量人流的交汇点，是城市中最具活力和生命力的场所，同时也是一个庞大的客流集散地，需要及时疏散、集聚。传统铁路客运站内部仅包含一种交通方式，且建筑规模较小，候车空间不足，缺乏大量的公共交通的直接衔接，通常通过站前广场使旅客流与其他交通方式进行衔接，常常造成周边网路交通拥堵。

因此，传统铁路客运站无法解决现在城市人口、资源、环境等问题。随着高速铁路的快速发展，现代铁路综合交通枢纽应运而生，汇集了多种交通方式，为乘客提供集散换乘服务的交通场站设施综合体。和传统客运站相比，现代综合交通数枢纽面积更大，形式上也越来越立体化、综合化、复杂化。综合交通枢纽在综合各种不同交通方式优缺点的基础上，进行有机的结合，通过各种立体和平面的交通组织方式，利用有限空间将各种交通方式有效地组织在一起，形成了无缝、舒适、高效的换乘设施，提高了乘客的出行质量和舒适度，为城市的快速、可持续发展提供了有力的交通保障。

同时，作为公共建筑的一个特殊类型，现代交通枢纽与其他普通公共建筑存在以下明显不同的差异。

1. 综合交通枢纽的建筑特点

现代综合交通枢纽的特点在于其发展过程中逐步向多元化的城市功能拓展，其功能已不限于交通功能，而是围绕着交通所带来的其他城市功能的聚集，与商业、办公、娱乐等产业联合开发，形成以交通为主体的功能多元化的大型"交通综合体"。另外，在土地利用已经趋于饱和的现状下，通过地下空间的开发设置公交、停车场及配套服务，通过对其出入口的合理设置，减少车辆对地面道路资源的占用，同时有效地改善区域地面交通整体运行状况。

综合交通枢纽（这里仅包含实现交通功能的区域）本身也具有非常独特的建筑特点，如站房建筑高大通透、室内环境温度变大幅度大（见图3-1）、建筑能耗高等。中型交通枢纽一般建筑面积一般在1~2万平方米，大型交通枢纽的站房建筑面积超过2万平米。站房的主要功能区域有候车室、进站大厅、售票厅、客流通道、站台、办公、商业等，其中候车室、进站大厅、售票厅、客流通道是人流集中的区域。候车室面积约占站房面积的50%，候车室、进站大厅、售票厅、客流通道等旅客活动区域约占60%~80%，而办公、商业是客站辅助性功能区域，其用能特点与一般公共建筑类似。大中型客站功能区域面积分配如图3-2、图3-3所示。站台面积通常较大，但其与室外环境相通，不需要控制环境参数。

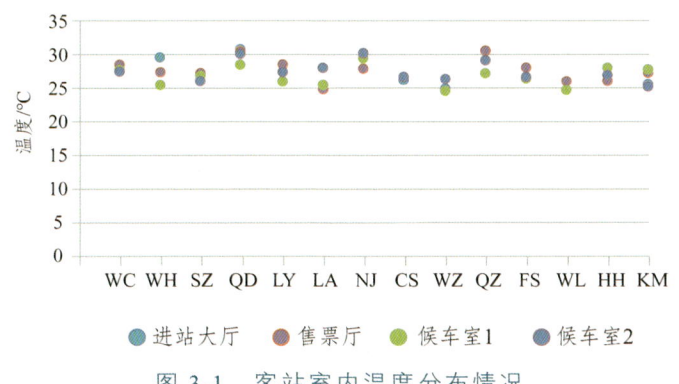

图3-1 客站室内温度分布情况

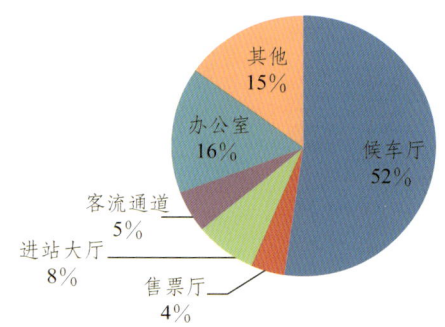

图 3-2　某大型站主要功能区域比例图

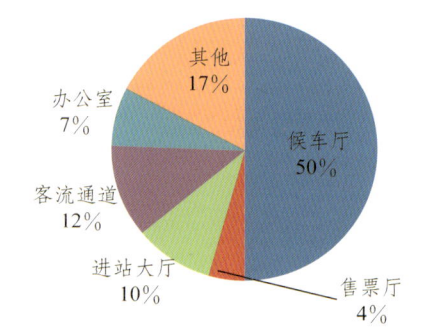

图 3-3　某中型站主要功能区域比例

2．交通枢纽的服务特征

现代交通枢纽的核心目标是为旅客提供方便、快捷、舒适的乘车环境，由于功能特殊，交通枢纽在服务特征方面与普通公共建筑相比，存在着非常显著的差异。

（1）全年运营时间长。

由于运营的特点，大型站大多全天 24 h 连续运行，而中型站和高铁客站只有夜间（约晚上 12 点到早上 5 点前）有短时间停止运营时段。所有客站全年 365 天均需运营，且周末、节假日、春暑运往往是客运的高峰。因此客站建筑的全年运营时间大大高于普通公共建筑。

（2）旅客客流量大、密度高。

大中型站的平均日发送客流量为 1~7 万人次，在节假日等高峰时期，尤其在"五一""十一"和春节等，旅客人数较平时激增，客站日发送量甚至超过 10 万人次。因而，铁路客站建筑的旅客客流量是普通公共建筑无法等量齐观的（见图 3-4）。同时大量旅客需要在客站建筑中进行购票、进站和候车等活动，如售票厅室内旅客密度往往超过 0.67 人/平米，远远超过普通办公室 0.125 人/平米的人员密度。因此铁路客站建筑的客流量和客流密度远高于普通公共建筑。

图 3-4　客流情况

（3）室内环境营造特征不同。

铁路交通枢纽通过空调系统等主动式手段，为旅客营造了舒适的室内候车环境，但旅客流动性较大，一般仅在室内作短暂停留，很多情况下仅为通过式的使用形式，在候车室不习惯改变衣着量，因此对客站室内环境的（温湿度、照度等）要求较普通公共建筑有更大的范围，且与室外环境参数密切关联，这为铁路客站有效利用自然资源、降低运行能耗创造了有利的条件。

（4）客流组织方式不同。

交通枢纽具有客流量大、客流密度高等特点，在建筑流线及形体设计中处处体现了以人为本的设计思想，尽可能减少旅客在流线上、视觉上的阻碍和交叉，以确保方便旅客方便、快捷、无障碍的快速通过和疏散。这与商场等普通公共建筑在客流组织方式和目标上有极大不同，交通枢纽的建筑形体和流线形式有着自身鲜明的特点。

综上所述，由于交通枢纽的特殊功能需求，其在服务特征方面与普通公共建筑相比，在全年运营时间、客流量及密度、室内环境营造特征和客流组织方式等方面都存在着非常显著的差异。

3．交通枢纽的用能特点

综合交通枢纽因其建筑特点、服务特征，用能高于其他公建。

受原铁道部委托，清华大学于2010年夏季对全国分布在五个气候区的16个铁路客运站（其中9个客站的用电数据完整）进行现场调研，通过调研数据整理分析后发现这些铁路客运站的用电有如下特点。

（1）地处寒冷、夏热冬冷或夏热冬暖地区的铁路客运站（包括新建铁路交通枢纽），夏季主要功能区域采用全空气中央空调系统控制室内温湿度，其全年单位面积电耗指标较高，为 $220 \sim 272\ kW \cdot h/(m^2 \cdot a)$，空调系统用电为 $78 \sim 123\ kW \cdot h/(m^2 \cdot a)$。因此，空调系统是客站用电的最大分项。

（2）另外，（1）中对应铁路客运站的照明为 $47 \sim 68\ kW \cdot h/(m^2 \cdot a)$，是客站主要用能分项。

从以上调研数据可知，目前铁路客运站的单位面用能高，其中空调系统、照明能耗占比大，是铁路交通枢纽建筑节能的重中之重。

4．铁路综合交通枢纽经典案例简介

（1）上海虹桥高铁站。

上海虹桥高铁站，总投资超过 150 亿元人民币，总占地面积超过 130 万平方米。上海虹桥站总建筑面积约 44 万平方米、站房面积约 24 万平方米、无站台柱雨棚面积约 6.9 万平方米，候车大厅面积约 11 340 平方米，最高可同时容纳 1 万人候车。虹桥综合交通枢纽具有高速铁路、磁悬浮、城际铁路、高速公路客运、城市轨道交通、公共交通、民用航空等各种运输方式的集中换乘功能，整个交通枢纽集散客流量为 48 万人次/日。如图 3-5～图 3-7 所示。

图 3-5　上海虹桥站效果图

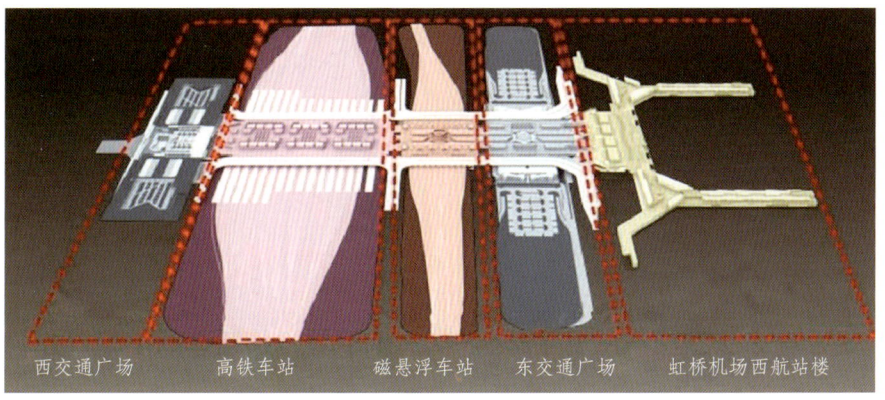

图 3-6　上海虹桥站总平面

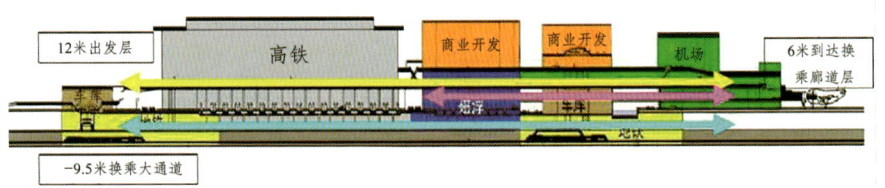

图 3-7　上海虹桥高铁站剖面图

（2）香港九龙站。

香港九龙站，是西九龙重要的核心枢纽，连接着城市核心地段以及机场等交通设施，是多种交通工具之间的交汇点。它虽是一座交通枢纽站，但与周围地块的紧密有机结合，已构成了一个完整的城市体系。九龙站占地 11 万平方米，主要设施位于地下，总建筑面积约 38 万平方米，其中地下一楼为售票大厅，地下二楼为抵港层，地下三楼为离港层，地下四楼为站台。在地面则设置面积约 8 900 平方米的绿化广场，连通高铁总站地面楼层、九龙站、柯士甸站及西九龙文化区，为市民和旅客提供优质的公共绿化休憩空间及舒适的步行环境。车站天幕呈流线型，由 4 000 多块大型玻璃组件以及 16 000 多块铝板构成，其中 90% 为不规则形状，施工难度极高，而作为主要力学支撑的 V 形构架设计，则像一棵棵参天大树张开枝桠，进入车站，仿佛让人有置身原始森林的感觉，如图 3-8 所示。九龙站地下一层是巴士交通换乘站，地下二层至三层分别是通往机场的铁路线与连接市区的地铁。停车库分布于地下四层至地上三层，为社会车辆、公交车辆、巴士停车以及商业用户、住户停车提供多种需求。

车站上盖和其周围地区开发成为一个人口密集的新市镇，而车站就是该市镇的中心。住宅、写字楼、社区服务设施、酒店等由室内商业街、裙房屋顶平台花园、步行道、广场等联系在一起。完善的城市设施、三维立体化的交通体系以及丰富的城市空间，都充分体现了香港九龙站大都市的快节奏生活状态。

图 3-8　香港九龙站室内效果图

九龙站交通换乘的最突出特色是实现了所有交通换乘活动都在建筑群内部空间范围进行，地面和地下层为公共交通设施、道路系统以及停车场等，地下、地上形成了一体化的步行空间，如图 3-9 所示。

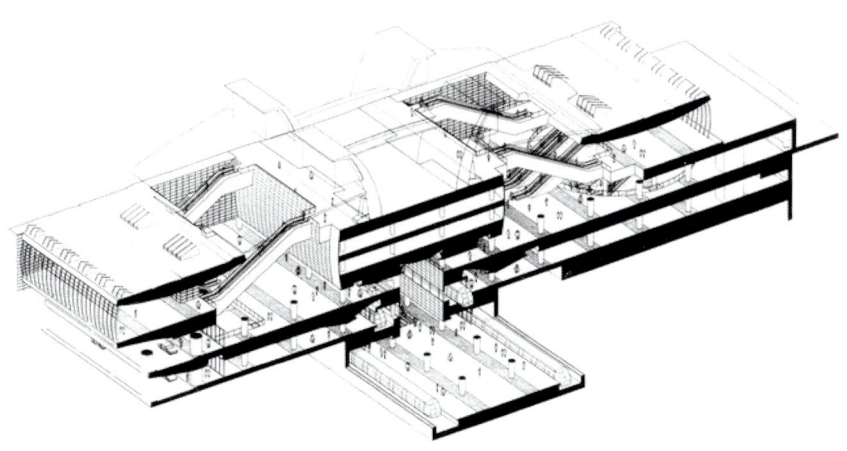

图 3-9　香港九龙站总体规划图

3.2 依托项目的特点及研究边界

1. 地下空间开发利用的重要性

地下空间的开发对促进高速铁路的发展、优化网络、解决交通拥堵、增加城市的空间、提高土地利用率、国民经济的发展以及促进综合交通枢纽多种功能的融合与枢纽内商业的相互影响具有很大的作用。随着我国高铁技术的提高，高铁综合枢纽地下空间开发也会越来越受到重视。山地城市地下空间的开发可以创造更多的城市基面，增大城市公共空间和城市开发容量，具有巨大的开发价值和研究价值。

重庆市是我国最大的山地城市，开发地下空间具备很好的优势。

（1）其地势起伏较大，因此能比较方便地利用高低错落的台地、斜坡等设置水平通道方式的地下空间出入口，既能较好地与地面道路、建筑相结合，又能节省造价。

（2）重庆地形高差使地下空间呈现出多样化，在空间的组织上，半地下空间可以增大采光面、利于空气流通，改善地下空间的环境景观要素，综合地面建筑的采光通风优势和地下建筑的节能优势，成为山地城市地下空间开发利用的主流形态。

（3）重庆区域地质构造属川东南弧形褶皱带，位于真武山背斜和中梁山背斜之间，除沿江阶地局部冲填沟谷外，地层多为高强度基岩，土层厚度较小。同时，重庆地下水贫乏，水位较深，浅层岩体地下水一般为地面降水补给，容易排除。

（4）重庆四周群山环抱，难于通风散热，热岛效应明显，夏季漫长而闷热，气温常常高达40℃以上，地下空间内受地面温度波动影响较小，具有非常强的热稳定性。

因此，合理的地下空间开发对炎热的山城重庆具有重要的意义。

沙坪坝根据地理优势利用地下空间，是衔接多种交通方式、可实现多种功能的现代交通枢纽综合体，非常具有代表性。因此，本课题将以沙坪坝综合交通枢纽为依托项目开展深入研究。

2．依托项目——沙坪坝铁路综合交通枢纽

沙坪坝交通枢纽是对沙坪坝火车站及站场周边城市进行综合改造的工程，位于重庆主城区繁华商圈，作为"成渝高铁"在主城的核心站点，是我国首例铁路车站上盖城市空间的案例。除成渝高铁外，沙坪坝交通枢纽启用后，还将连接贯穿重庆主城区的3条地铁，并作为即将开工的重庆到昆明的渝昆高铁预留站，成为未来西南高铁网的重要枢纽。整个综合体面积75万平方米，其中上盖部分50万平方米，地下部分25万平方米，如图3-10所示。

图3-10　重庆沙坪坝铁路枢纽综合改造工程鸟瞰图

总体来说，沙坪坝综合交通枢纽有两个显著的特点。

（1）利用地下空间。在考察了项目的地质条件后，交通枢纽部分为最大限度节省城市空间、充分利用地下空间，打破了国内大型综合交通枢纽常用的平面布局方式，采用全立体的布局，仅枢纽站房位于盖上一层，枢纽其余部分均位于地下，地下共8层，每层皆具有不同的交通功能并相互有机衔接，形成立体、便捷的交通转换系统。沙坪坝铁路综合交通枢纽因而成为目前国内最大的地下铁路综合交通枢纽，可实现高铁、轨道、公交、出租、社会车辆等多种交通方式间的无缝换乘，各主要交通方式换乘距离均在100米以内，实现了真正意义的"零换乘"。

（2）开发城市空间。交通枢纽上盖建设超大型商业综合体，业态包括商业及超高层或高层的商务办公、酒店、公寓等。项目建成后还将打通三峡广场与沙坪坝火车站的连接，形成大范围的整体联动，通过高品质的打造和运营，项目将成为具有文化特色的新地标，树立沙坪坝区乃至重庆市的新形象，从而推进沙坪坝商圈的扩容升级与整体发展。

3．课题的研究对象

以铁路综合交通枢纽为研究对象。

从相关调研数据已知交通枢纽的空调系统、照明系统能耗占大，是推动节能研究的关键节点，而建筑本体的围护结构热工性能及自然采光等因素与交通枢纽空调系统、照明系统的能耗关系密切。因此，对交通枢纽的建筑本体、空调系统、照明系统进行节能研究，总结以上系统普遍存在的问题及其解决途径。

根据依托项目物业管理公司的不同，将交通枢纽综合体分成两部分：交通枢纽（站房+地下部分）、上盖商业综合体。课题将以依托项目的交通枢纽作为主要深入研究对象，对交通枢纽的节能关键节点（建筑本体、空调、照明）设计方案进行深入研究，通过对合理方案的数值模拟或理论计算分析后，提出合理的节能措施。另外，楼宇能源管理系统是将建筑物内的用能系统进行集中监测、管理和控制，保证每个设备都得到最有效率使用的平台，是建筑节能运行的有力保障，也需进行专题研究。基于以上对交通枢纽各关键节能系统的研究，得到沙坪坝交通枢纽的综合节能率（新建项目的能源管理系统没有往年数据，无法准确计算节能量，因此综合节能率计算时仅包括建筑本体、空调、照明），如图3-11所示。

另外，上盖商业综合体包含的多栋高层、超高层建筑将是未来的耗能大户，均有楼层多、楼高高、用水要求高等特点，这些塔楼的给水系统复杂且给水方式多样，是设计的重点和难点。而且，目前水资源紧缺，非传统水源的利用是建筑节水的有效途径。因此，课题还将对上盖塔楼超高层建筑给水系统及非传统水源利用也开展专题研究。

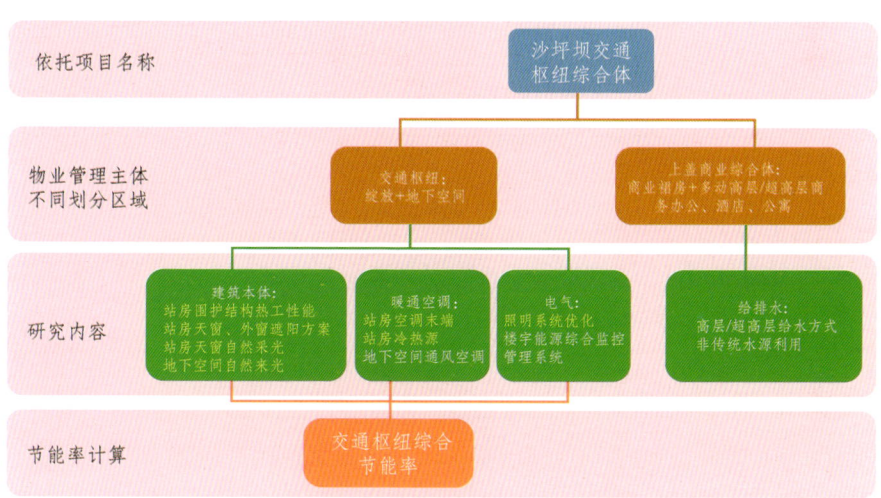

图3-11 沙坪坝交通枢综合体的架构及研究内容

3.3 主要研究内容

通过前文的分析，确定本课题的研究内容包括交通枢纽站房的建筑本体、交通枢纽的空调系统、照明系统、楼宇能源综合监控管理系统研究，以及上盖商业综合体高层/超高层塔楼的给水系统、非传统水源的利用等。

3.3.1 建筑专题研究

1. 围护结构节能研究方案

铁路客站站房为典型的高大空间建筑，其室内舒适性的控制比常规建筑更加困难和费能，做好围护结构的设计，是保障站房舒适性的重要前提，也是环境控制系统合理设计的重要保障。因此课题将分析当前交通枢纽围护结构存在的缺陷，提出问题的解决方案。课题再结合依托项目，对其站房的围护结构的保温、隔热、遮阳、采光等设计进行研究，得到适用于依托项目站房的优化方案。

2. 地下空间采光设计研究

目前，越来越多的交通枢纽不断尝试开发地下空间。沙坪坝交通枢纽综合各种交通方式，打造位于城市中心区集城际铁路、城市轨道交通、公交、出租等多种交通方式为一体的高效、便捷的城市交通换乘枢纽。地铁9号线和高铁出站均设置于地下，所以将枢纽交通换乘体系设置地下，换乘体系贯穿于地下负七层至负一层，并设置大型地下停车库，满足项目开发所带来的停车需求。

因此，本项目地下空间非常多，建筑采光条件不佳，为保证人员安全使用，需要保障地下空间照明效果。课题将针对沙坪坝交通枢纽地下空间的设计，寻求较低能耗的采光设计方案，控制地下空间照明能耗。

3.3.2 暖通空调系统专题研究

分析目前交通枢纽暖通空调系统存在的关键节能问题，进行总结后，提出有效的解决方案。对依托项目——沙坪坝交通枢纽中的节能关键点进行设计方案优化分析，最后确定合理的节能措施。沙坪坝交通枢纽的关键节能环节包括站房空调末端、冷热源、其他区域空调方案进行了深入研究。

1．高大空间空调系统末端解决方案研究

沙坪坝综合交通枢纽中火车站候车厅及高铁出站厅，属于高大空间建筑；两者热源在空间上的分布具有不均匀性，室内人员数量变化较大；候车厅的围护结构采用较多的透明材料，受室外气候和太阳辐射的影响大。基于上述室内环境特点，提出应用温湿度独立控制原理，采用辐射地板、全空气空调末端两种方案进行能耗计算及经济性分析，以期既改善这种高大空间的室内温湿度环境，又可降低系统输配能耗和冷机能耗。

2．空调系统冷热源方案研究

综合交通枢纽建筑规模大，课题将对如何合理的选择冷热源进行深入分析研究。

沙坪坝交通枢纽地处夏热冬冷地区，因此沙坪坝交通枢纽站房需要夏季提供冷量冬季提供热量，以控制空调区的温湿度维持在舒适范围内。在温湿度独立控制理念基础上采用辐射地板供冷的方式，利用降温除湿后的新风可满足室内对新风和湿度调节的需求，因此向辐射地板或者干式风机盘管送入 16~18 ℃ 的高温冷水就可以满足室内温度控制的需求。高温冷水冷源合理的方式包括常规风冷热泵及蒸发式风冷热泵。课题将对合理冷源方案进行能耗模拟分析及经济性分析，已确定较优方案。

3.3.3　电气系统专题研究

1．照明系统节能研究

利用照明设计辅助工具，通过照明灯具的优化布置和产品选择，控制照明灯具的照明功率密度，并结合沙坪坝交通枢纽不同区域的使用功能，研究使用的控制方式及控制策略，实现照明系统的节能设计和运行。

2. 楼宇能源综合监控管理系统研究

传统楼宇控制系统重点在于监控设备而忽视了能源系统的计量，而能源系统的计量又对节能运行有非常大的帮助，对沙坪坝这类大型的综合交通枢纽，应从节能管理的角度出发，研究能源计量方案，并基于此进行能源系统供应设计。

通过此课题，在沙坪坝枢纽设计过程中，针对不同的区域的功能特点和用能系统特点，针对性地研究能源监控方案，包括监测计量范围、监测仪表布置、监控软件系统功能需求等。

3.3.4 给排水系统专题研究

1. 高位调蓄、无负压供水、变频控制于一体的给水方式研究

该部分研究是针对交通枢纽上盖综合体塔楼。高层或超高层建筑给水系统复杂，且给水方式对系统能耗影响最大，优化给水方式是建筑节水最有效解决途径。

给水方式可直接与供水管网连接，利用供水管网的压力，将高位水箱、无负压供水、变频控制设备结合，组成高位调蓄、无负压供水、变频控制于一体的给水方式。

2. 非传统水源的利用研究

大型公共建筑的水资源合理利用，是绿色建筑的基本需求，本着可持续发展的思路，沙坪坝交通枢纽采用适宜的雨水回用系统和中水回用系统。课题将结合项目的实际情况，研究经济适用的非传统水源利用方案（收集范围、水量分析、设计思路、经济性分析等）。

3.4 研究总体目标

本课题主要以铁路交通枢纽为研究对象，寻找各关键环节耗能

根源，并针对普遍存在的问题提出解决途径；基于以上研究成果，以依托项目沙坪坝综合交通枢纽为深入研究对象，对其能耗关键环节开展具体节能措施研究，力求为客站科学设计、合理运行提供技术保障，为实现客站能源系统高效运行、推进节能减排工作创造有利条件。

课题研究本着"被动优先，主动优化，经济适用"的优化原则，从被动式节能措施与主动式节能措施两方面开展研究。

被动式节能研究，主要针对建筑本体节能方面，着重于地上部分的站房建筑的围护结构保温隔热、外窗天窗的遮阳方式、天窗自然采光、地下空间自然采光等方面研究，力求从根源上降低建筑采暖、空调、照明等用能系统的能耗需求。

主动式节能研究，主要为各主要用能系统的优化设计，包括暖通空调系统、给排水系统、电气系统等。该部分研究在完成被动式节能研究的基础上进一步展开优化，结合各方案的经济性分析，确定合理可行的节能方案，尽可能降低建筑整个生命周期的能耗。

在暖通空调系统方面着力将温湿度独立控制的空调理念应用到快速发展的铁路客站建设中；在电气系统方面，着重于照明系统节能设计和楼宇能源监控系统研究；在给排水方面，着重于超高层给水方式的优化研究与非传统水源的合理利用。

通过以上研究，最终依托项目沙坪坝综合交通枢纽的整体节能率达到30%以上。

3.5 研究技术路线

本课题的研究对象是铁路为主的综合交通枢纽。课题首先对当前交通枢纽建筑本体及主要用能系统普遍存在的问题进行总结分析，并针对问题的根源提出合理的解决方案。基于以上研究成果，以依托项目沙坪坝交通枢纽为深入研究对象，结合沙坪坝交通枢纽自身特点来开展研究，明确沙坪坝综合交通枢纽实际应用条件及负荷变化特点，为开展沙坪坝综合交通枢纽的建筑本体、暖通空调、电气、给排水的节能、节水设计提供有益参考。具体研究时，主要通过实际调研、文献调研、理论分析、模拟计算等方法开展。

总体研究技术路线如图 3-12 所示。

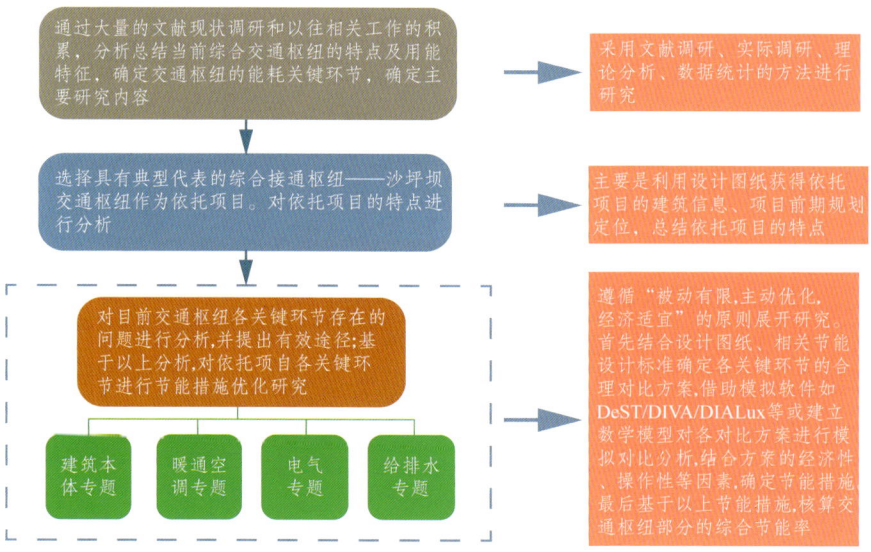

图 3-12　研究技术路线图

第 4 章

主要创新点及水平

4.1 主要创新点

本课题主要以铁路交通枢纽为研究对象,总结交通枢纽关键用能系统存在的耗能问题,分析造成能源浪费的根源,针对问题提出科学合理解决途径。课题以依托项目——沙坪坝综合交通枢纽作为深入研究对象,基于以上研究成果对其关键耗能环节进行深入研究,为客站科学设计、合理运行提供技术保障,为实现客站能源系统高效运行、推进节能减排工作创造有利条件。

(1)研究内容的创新。

目前国内还未有从宏观和微观两种角度对铁路交通枢纽进行系统性的节能措施分析,而目前我国正处于铁路、高铁建设爆发期,本课题的研究内容是领先的,研究成果将为其他交通枢纽的设计及节能研究提供重要参考价值。

(2)研究方法的创新。

在整个的研究过程中,课题利用多种国内外先进、科学的模拟软件,包括 DeST、Solemma DIVA for Rhino、DIALux 等对各关键环节的合理方案,进行细致地分析总结,提高了工作的效率与效果,为课题研究提供了有力支撑。

(3)新材料、新技术应用的创新。

在依托项目站房建筑本体方面,通过建立能真实反映实际情况的模型计算采光效果、空调及照明后确定了围护结构节能方案,采用国家目前推广、热工参数负荷节能方案要求的新材料,就能达到很好的节能效果。

在依托项目站房空调系统方面,将温湿度独立控制系统应用于铁路客站的设计应用中,利用辐射地板的方式构建分层空调方式,在重庆这类潮湿地区的铁路客站中应用,目前在国内尚属首次。

在依托项目站房、地下及综合体其他区域的照明系统方面,综合比选不同灯具及其布置,利用 DIALux 软件模拟灯光照明效果,优化控制策略,并利用 DeST 软件模拟照明能耗,综合考虑节能性与使用效果,确定最终方案,包括灯具类型和布置方案、控制策略。

(4)其他创新点。

依托项目交通枢纽部分的楼宇能源综合监控管理系统是节能运行的重要保障。根据交通枢纽建筑使用特点,明确建设目标与原则,并细化主要设备的监控内容与逻辑方法,得到适合交通枢纽的能源管控方案。

在给水方式上,依托项目上盖综合体超高层塔楼给水系统较复杂,利用建筑能耗模拟软件 DeST,对不同给水方式和分区方案进行生活给水系统全年能耗模拟计算,并结合不同方案的投资分析、综合运行能耗与投资的经济性确定项目的最佳给水方式,并为其他超高层建筑给水系统的方案选择和优化设计提供参考。

在节水方面,与国家大力推行的《绿色建筑评价标准》相衔接,根据其对给排水的评分规则为基础依据展开工作,提出了依托项目交通枢纽非传统水源的利用措施,可用于室外绿化灌溉、道路浇洒及洗车用水等。该部分的研究路线可为其他项目的非传统水源利用提供参考。

4.2 成果达到的水平

本课题的研究为国内相关同类建筑节能措施研究提供有力指导，同时也为依托项目沙坪坝综合交通枢纽节能设计提供重要的理论和技术支撑。课题成果达到国内领先水平。

4.2.1 技术指标

通过本课题的专项研究，在技术上达到以下目标。

1．高铁站房建筑围护结构综合节能方案

综合空调能耗、采光照明能耗及空调系统环境控制方案的围护结构整体设计理念，获得最优的运行效果。

2．复杂地下空间采光解决方案

利用被动式手段解决地下环境控制问题，对地下空间自然采光设计研究，最小化地下空间的环境控制能耗。

3．铁路客站高大空间分层空调方式的构建方法

在重庆这类潮湿地区的铁路客站中应用辐射地板方式构建分层空调方式，目前在国内尚属首次，对其构建方式、方案设计等进行细致分析，确保方案的可行性，通过研究来确保实现较优的应用效果。

4．温湿度独立控制空调系统应用于铁路交通枢纽的设计应用

课题针对沙坪坝综合交通枢纽应用温湿度独立控制空调方式开展研究，结合理论分析、数值模拟计算等多种研究手段，确保空调实际运行效果。

5．适用于交通枢纽的智能照明控制系统及楼宇能源监控系统方案

在照明系统上合理布置灯具、优化控制策略，在创造舒适照明

效果的前提下减少了交通枢纽照明电耗。在楼宇能源综合监控管理系统上，从节能管理的角度出发，明确建设目标与原则，细化主要设备的监控内容与逻辑方法，得到适合本项目的能源管控方案。

6．适用于综合交通枢纽的节水方案

基于上盖综合体超高层塔楼的建筑特点，确定最佳给水方式高位水箱供水。结合《绿色建筑评价标准》开展非传统水资源利用的节能研究，提出室外绿化灌溉、道路浇洒及洗车用水等措施，满足实际需求，实现节能节水。

4.2.2 经济指标

通过课题的展开，沙坪坝综合交通枢纽部分，和相关节能设计标准相比，综合交通枢纽节能 33.6%。

4.2.3 成果形式

本项目具体成果展示形式如下。

（1）要求发表学术论文 8 篇，实际获得的成果如表 4-1 所示；

（2）申请实用新型专利 1 项，名称为"一种适用于大空间的温湿度独立控制空调系统"；

（3）专著（初稿）1 份。

表 4-1 已发表期刊明细汇总表

序号	题目	刊物名称	年，卷（期）：起止页
1	Entransy Analysis and Application of A novel Indoor Cooling System in A Large space Building	*International Journal of Heat and Mass Transfer*	2015，85：228-238
2	Cooling capacity prediction of radiant floors in large spaces of an airport	*Solar Energy*	2015，113：221-235
3	Performance comparison of three typical types of internally-cooled liquid desiccant dehumidifiers	*Building and Environment*	2016，103：134-145

续表

序号	题　目	刊物名称	年，卷（期）：起止页
4	Performance investigation of a counter-flow heat pump driven liquid desiccant dehumidification system	*Energy*	2016，115：446-457
5	Performance investigation of terminal handling process in air-conditioning system from the perspective of entransy dissipation	*Energy and Buildings*	2017，37：27-37
6	Theoretical and experimental study of departure duration of condensate droplets from radiant cooling ceiling surfaces	*Building and Environment*	2017，114：445-454
7	Performance investigation and exergy analysis of air handling processes using liquid desiccant and desiccant wheel	*Science and Technology for the Built Environment*	2017，23：105-115
8	混凝土辐射地板新型通断调节方法性能分析	暖通空调	2017，47（3）：63-67
9	长江流域住宅中混凝土辐射地板与风机盘管供暖性能实测	暖通空调	2017，47（11）：97-103
10	华北地区某中型高铁客站空调系统实测研究	第20届全国暖通空调制冷学术年会	论文集中第188号论文
11	西北地区某列车运用整备库冬季供暖情况实测研究	铁道科学与工程学报	

第 5 章

主要研究成果

5.1 建筑本体专题研究

5.1.1 综合交通枢纽建筑本体存在的问题及解决方案

综合交通枢纽在服务特征方面与普通公共建筑有显著差异,因此,其建筑形体、室内环境营造等方面均有自身的特点,具体表现:

(1)建筑层数少、层高大、单个室内空间面积大。为了尽可能减少旅客在流线上、视觉上的阻碍和交叉,以确保旅客快速通过和疏散,通常客站站房部分楼层数较少,层数不多于三层,并且客站候车室层高大多高于 10 米,是普通民用建筑层高的 3~4 倍;同时其建筑跨度大、单个建筑室内空间的面积可达几千甚至上万平米。因此,对于客站建筑,围护结构对室内环境影响显著,在节能方面应更加重视,如图 5-1 所示。

(a)保定东站候车大厅

（b）北京南站候车大厅

图 5-1　高大候车厅及其透明围护结构

（2）透明围护结构面积大。为保障旅客视觉和心理舒适，站房的进站大厅和候车厅等空间多设计大面积的外窗或者天窗，使旅客视野通畅，同时也保障了良好的采光效果（见图 5-2）。然而，大面积的外窗和天窗也可能大量增加空调冷负荷，从而造成能耗的增加，因此需要综合考虑空调冷热能耗和采光能耗，确定合理的窗墙比和天窗比，并优化自然采光设计，营造一个舒适的室内光环境和热环境。

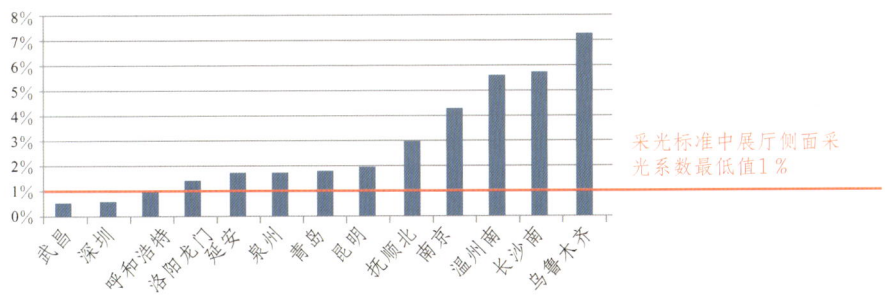

图 5-2　各气候区候车室自然采光调研统计

目前，交通枢纽类建筑尚无专属的节能设计标准，大部分设计参考公共建筑节能设计标准，然而，由于其建筑特点与普通公共建筑的特征相差巨大，往往造成围护结构设计的实际效果不佳。因此，应针对交通枢纽类建筑特点开展围护结构优化设计方法研究，从而为客站节能设计提供参考。站房围护结构参数统计与分析如表 5-1、图 5-3 所示。

表 5-1 各气候区站房围护结构参数调研统计

气候区	车站	候车大厅							
		面积/m²	层高/m	墙传热系数/[W/(m²·K)]	窗墙比	窗传热系数/[W/(m²·K)]	窗遮阳系数	屋顶传热系数/[W/(m²·K)]	天窗比
严寒地区	抚顺	5 013	9	0.58（0.5）	0.37	1.98（2.6）	0.4	0.54（0.45）	0
	呼和浩特	3 036	6		0.6				0
	乌鲁木齐	8 650	7.8	1.2（0.5）	0.7	3.3（1.8）		0.7（0.45）	0
寒冷地区	青岛	7 137		0.54（0.6）	0.29	2.2（3.0）		0.52（0.55）	0.04
	延安	8 845	21.5						0
	洛阳	6 922	20	0.35（0.6）	0.26	2.6（3.0）	0.5	0.49（0.55）	0
夏热冬冷	武汉	28 508	14.75	0.393（1.0）	0.58	1.85（2.5）	0.3	0.33（0.7）	0.5
	武昌	15 984	8.2	0.49（1.0）	0.4	2.3（2.8）		0.45（0.7）	0
	长沙	23 761	21	0.6（1.0）	0.7	1.5（2.5）	0.38	0.49（0.7）	0.15
	南京	14 935	7.2		0.5				0.2
	温州	6 322	8.7/27.3	0.66（1.0）	0.7	2.6（2.5）	0.5	0.5（0.7）	0.07
夏热冬暖	深圳	14 515			0.6				0.03
	泉州	12 680	8.3/14.7	0.87（1.0）	0.25	3（3.5）	0.4	0.47（0.9）	0.34
温和地区	昆明	3 421	9.4						0.08

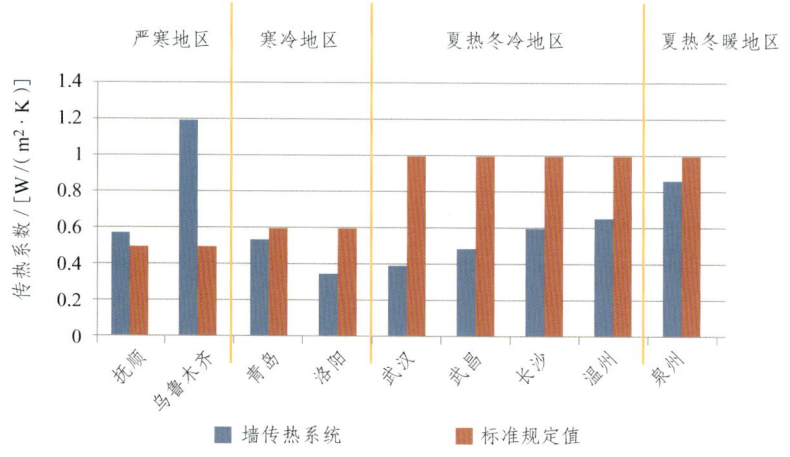

图 5-3 各气候区站房围护结构参数分析

此外，针对大面积天窗所带来的夏季冷负荷增加、室内热舒适性不佳等问题，可以考虑多种天窗遮阳形式，在保证室内采光均匀充足的前提下，减少通过天窗进入室内的直射太阳辐射，如图 5-4、图 5-5 所示。

图 5-4　天窗遮阳形式

图 5-5　地下空间采光

综上所述，建筑本体专题将着重对以下几方面内容开展研究：

（1）客站围护结构性能参数现状，如外墙、外窗、屋顶传热系数；

（2）客站天窗、外窗的遮阳性能参数及形式；

（3）客站天窗面积比例及自然采光优化分析；

（4）地下空间采光方案分析。

以上内容应根据各自对建筑空调、照明能耗影响的敏感性，借助专业数值模拟软件逐一进行多方案计算、分析、比选,还可结合经济性分析,确定最优设计方案,以实现从根源上降低负荷需求。

针对上述分析,本书以下章节将以沙坪坝综合交通枢纽为依托项目,利用模拟分析手段,对站房建立模型,模拟计算站房的建筑负荷、采光效果,进而对围护结构方案进行优化分析。

具体研究流程如图5-6所示。

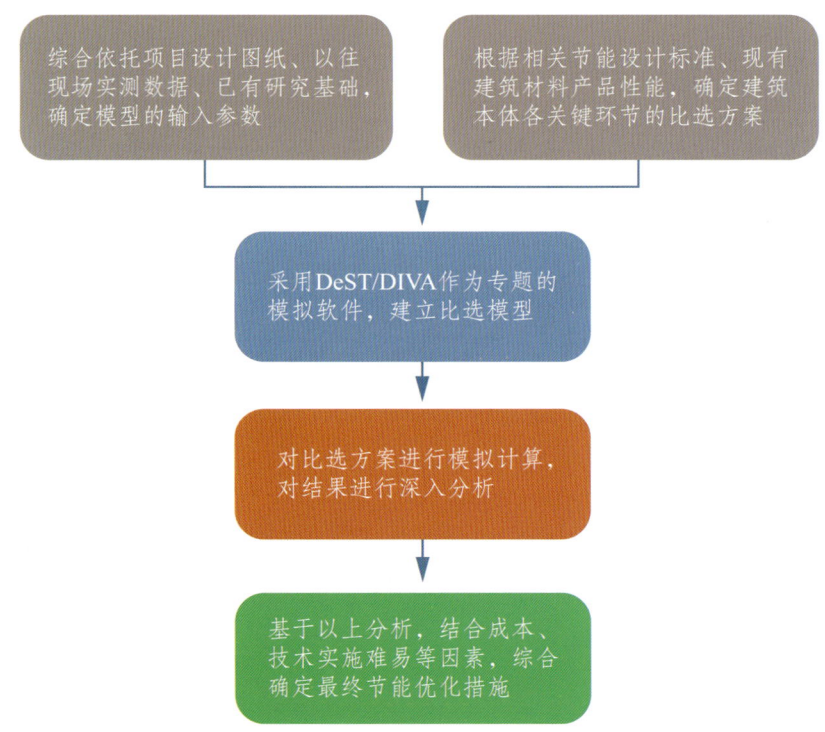

图5-6 建筑本体研究路线图

5.1.2 围护结构传热系数分析

围护结构构件包括建筑的外墙、屋顶、外窗、天窗,其保温隔热性能直接影响建筑的供热空调能耗。良好的保温性能,在冬季供热季节有助于减少室内散热,在夏季白天外温较高时有助于减少室内得热，而过渡季或者夏季凉爽的夜晚，室内需要散热时，保温又是不利于节能的。从全年的总体情况看，究竟如何保温才最节能，则和室内使用状态（得热情况）、通风情况、气候特征等紧密相关。

沙坪坝交通枢纽的站房位于地上，围护结构影响站房内的湿热环境，交通枢纽地下区域土壤全年温度幅度小，对应的室内温度也基本维持在一个适宜的范围内。因此本节仅对交通枢纽站房的围护结构传热系数进行分析。具体问题具体分析，研究路线如图5-7所示。

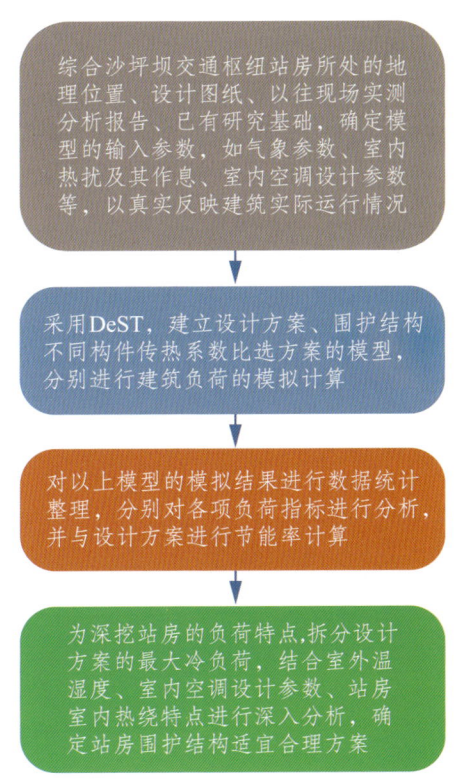

图 5-7　围护结构传热系数研究路线图

通过模拟手段对围护结构部件不同工况的保温隔热（参数均满足新的公建节能设计标准）效果进行模拟计算，结合站房自身特点及气象条件，总结各工况站房冷热负荷指标变化趋势，分析趋势变化根本原因，确定站房围护结构传热系数的最优方案。

模拟软件采用的是清华大学开发的建筑环境能耗模拟分析软件 DeST（Design by Simulation Toolkit），该软件能够对建筑室内环境参数、建筑环境控制系统及设备的运行状况以及建筑运行能耗等进行某一时段或全年逐时模拟计算。

沙坪坝交通枢纽站房总建筑面积为 13 974 m²，地上一层，体形系数为 0.12。其 DeST 模型如图 5-8 所示。

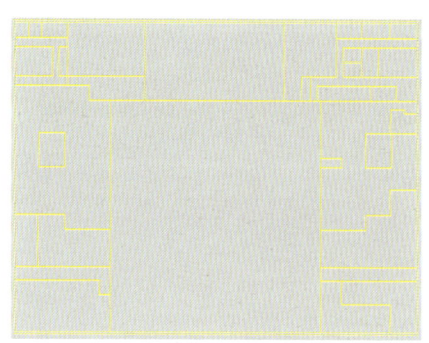 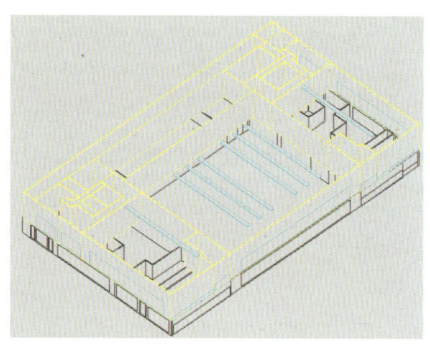

图 5-8　沙坪坝项目 DeST 模型

模型模拟输入参数如表 5-2 所示。

表 5-2　模拟参数设定值

模拟所需参数	参数内容	数据来源
气象参数	重庆地区典型年气象参数	《中国建筑热环境分析专用气象数据集》
围护结构热工参数	外墙、屋顶、外窗、天窗等部位传热系数与遮阳系数	由设计方案而来，缺少的参数按重庆市地标限值
室内热扰参数	照明、设备、人员等产热指标与作息模式	设计图纸，文献调研，实测数据
空调设计参数	空调设定温度湿度范围、人员新风量	

设计方案及围护结构不同构建的保温隔热工况如表 5-3 所示。

表 5-3 围护结构各构件传热系数 K 的取值

单位：W/($m^2 \cdot K$)

	外墙 K	屋顶 K	外窗 K	天窗 K
设计方案	0.93	0.55	2.5	3.0
各构件工况	0.8	0.4	0.4	2.5

利用 DeST 模拟软件，进行建筑负荷计算，结果如图 5-9 所示，在设计方案的基础上，分别对围护结构中不同构件的保温隔热工况进行模拟计算。对以上工况的模拟计算结果进行整理，具体结果如表 5-4 所示。

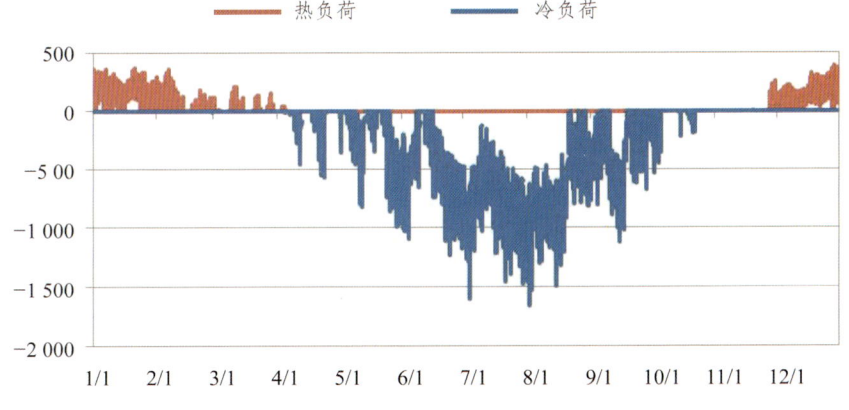

图 5-9 设计方案的全年逐时空调负荷（单位：kW）

表 5-4 围护结构不同传热系数方案的模拟结果

	设计工况	外墙 $K=0.8$	屋顶 $K=0.4$	外窗 $K=2.2$	天窗 $K=2.5$
最大热负荷/kW	392.3	389.1	392.3	388.9	390.7
最大冷负荷/kW	1661.8	1661.8	1661.7	1661.9	1662.2
单位面积热负荷/(W/m^2)	64.0	63.5	63.4	63.4	63.7

续表

	设计工况	外墙 $K=0.8$	屋顶 $K=0.4$	外窗 $K=2.2$	天窗 $K=2.5$
单位面积冷负荷/(W/m^2)	271.1	271.1	271.1	271.1	271.2
累计热负荷/(10^4 kW·h)	23.4	23.0	23.4	23.1	23.3
累计冷负荷/(10^4 kW·h)	153.3	153.5	153.3	153.6	153.4
单位面积累计热负荷/(kW·h/m^2)	37.6	36.9	37.6	37.1	37.4
单位面积累计冷负荷/(kW·h/m^2)	246.1	246.4	246.1	246.5	246.2
累计总负荷/(10^4 kW·h)	176.7	176.5	176.7	176.7	176.7
单位面积累计总负荷/(kW·h/m^2)	283.6	283.3	283.6	283.6	283.6
节能率	—	0.10%	0.01%	0.03%	0.00%

注：空调面积仅包含集中空调系统服务的区域，如候车厅、实名验证区、售票厅、售票室等，空调面积共 6 130 m^2。

从结果中发现，站房的最大冷负荷、累计冷负荷均比热负荷大很多，两者（冷负荷/热负荷）最大负荷比约为 4.3，累计负荷之比约为 6.6，纵观全年，大部分的时间都需要供冷。另外，在设计方案的基础上，分别加强了站房外墙、屋顶、外窗和天窗的保温隔热性能，其对应的最大冷热负荷、累计负荷与设计工况相比只略微降低，或基本没变化，因此初步确定，站房的供热空调能耗受围护结构的保温隔热性能影响不大。

为进一步明确站房围护结构加强保温隔热对采暖空调系统能耗影响不显著的根本原因，将设计工况的最大冷负荷进行分项拆分，冷负荷包括室内负荷与新风负荷，这两部分负荷又可再分为显热负荷与潜热负荷，因此冷负荷可拆分为 4 个分项。

设计工况最大冷负荷出现在夏季 8 月 2 日人员最多时刻，此时，室外干球温度为 34.3 ℃，含湿量也非常大，为 25.7 g/kg 干空气。分项拆分具体情况见图 5-10 所示，这 4 项负荷的占比按从大到小的顺序进行排列，其具体排序与占比：新风潜热负荷为 44.2%；室内显热负荷为 24.3%；室内潜热负荷为 18.3%；新风显热负荷为 13.2%。

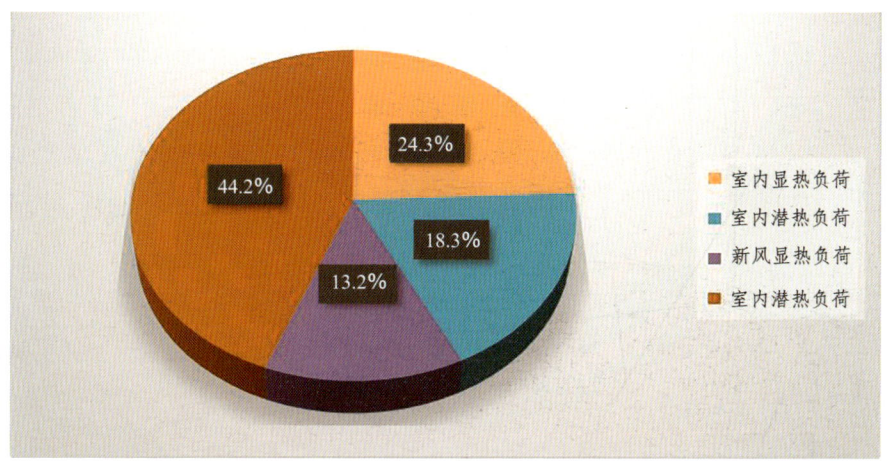

图 5-10　最大冷负荷分项拆分

新风潜热负荷占比最大的根本原因，可从项目的地理位置、气象条件和室内人员所需的新风量这几方面考虑。从调研数据及设计方案可知，站房人员密度大，为满足室内有足够的新鲜空气，改善室内空气质量，按设计规范要求，候车厅的人均新风量为 16 m³/h 人，最多人数时达 4 000 人，系统总新风量大。另外，重庆位于四川盆地东南部，背山面水，全年云雾多，在全国属于高湿地区，在 6 月至 9 月期间，室外含湿量与室内含湿量（室内空调设计参数：干球温度为 26 ℃，相对湿度 65%，其空气状态点对应的含湿量为 13.71 g/kg，如图 5-11 所示紫线）进行比较，在夏季空调开启的小时数为 2 440 h，大部分时刻室外含湿量都高于室内空调设计值，仅有 130 h 不需除湿，故模拟计算出来的新风潜热负荷占比非常大。

根据整理的气象信息可知，建筑的室外温度较高（见图 5-12），但也有较多时刻干球温度等于或小于室内设计空调温度，因此新风显热负荷较潜热负荷小。

另外，站房室内人员数量多，因而室内人员总的发热量、散湿量大，为消除这部分余热、余湿所需的室内显热负荷、室内潜热负荷也很大。

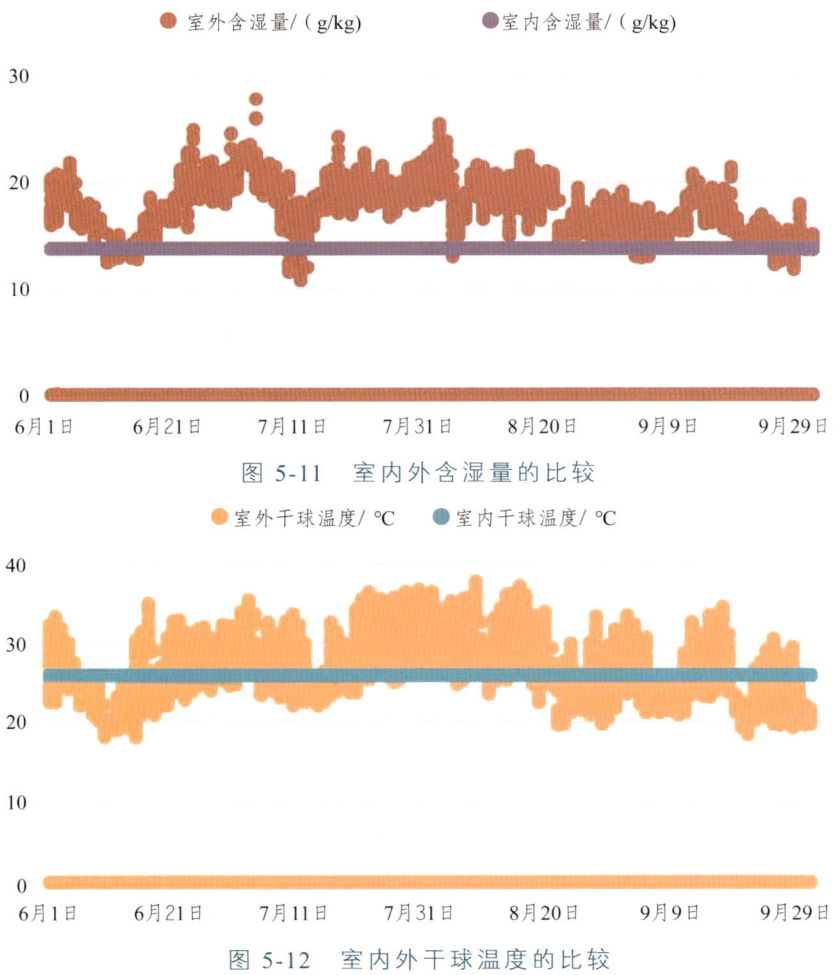

图 5-11 室内外含湿量的比较

图 5-12 室内外干球温度的比较

综上分析，由于站房地处潮湿炎热的重庆，且具有室内人员密度大、新风量大、发热量多的特点，其围护结构的保温、隔热性能对空调负荷的影响不显著，围护结构热工参数只需保持设计方案即可。

具体的围护结构做法可参照国家政府出台的建材推广目录。在满足传热系数要求的前提下，综合考虑建材成本，确定最终的围护结构做法。

5.1.3 天窗、外窗的遮阳方案

站房的设计方案中,各朝向窗墙比都比较大,尤其是南向(见图5-13)。另外,屋顶也有大面积的天窗(设计方案为 504 m²)。站房若设有大的窗墙比、天窗比,室内即可实现良好的自然采光效果。同时,大量的文献了也表明,夏热冬冷地区的建筑遮阳对能耗有显著影响。因此,本节以站房设计方案的透明围护结构方案为基础比较对象,对透明围护结构的遮阳方案进行节能研究,研究路线如图5-14所示。

图 5-13　站房南外立面效果图

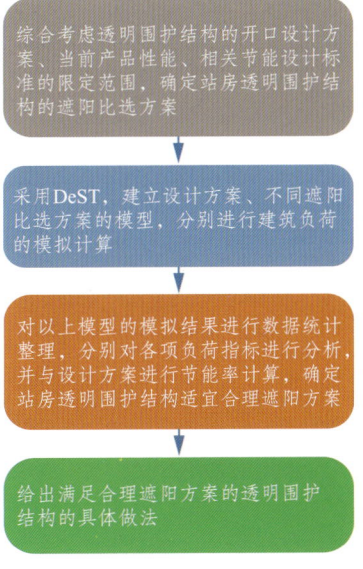

图 5-14　遮阳形式研究路线图

具体工作中，从全年的时间长度上，分别对站房外窗、天窗的多个遮阳方案进行能耗模拟计算，分析各方案的全年采暖空调能耗变化情况，最后确定站房的遮阳节能方案。如表 5-5 所示为外窗、天窗不同遮阳方案。

表 5-5　站房外窗、天窗遮阳设计方案及比选方案

	设计方案	方案 1	方案 2	方案 3	方案 4
外窗 SC	0.4	0.3	0.4	0.3	0.3+内遮阳
天窗 SC	0.4	0.4	0.3	0.3	0.3+内遮阳

利用 DeST 软件对以上各方案进行建筑负荷模拟，对结果进行整理统计，情况如表 5-6 所示。

表 5-6　围护结构不同遮阳方案的模拟结果

	设计方案（基础比较对象）	方案 1	方案 2	方案 3	方案 4
最大热负荷/kW	392.3	395.5	394.3	397.5	404.1
最大冷负荷/kW	1661.8	1651.4	1652.7	1642.4	1617.5
单位面积热负荷/(W/m^2)	64.0	64.5	64.3	64.8	65.9
单位面积冷负荷/(W/m^2)	271.1	269.4	269.6	267.9	263.9
累计热负荷/(10^4 kW·h)	23.4	23.8	23.7	24.0	24.8
累计冷负荷/(10^4 kW·h)	153.3	151.1	151.4	149.1	144.3
单位面积累计热负荷/(kW·h/m^2)	37.6	38.2	38.0	38.5	39.8
单位面积累计冷负荷/(kW·h/m^2)	246.1	242.5	243.0	239.3	231.6
累计总负荷/(10^4 kW·h)	176.7	174.9	175.1	173.3	169.1
单位面积累计总负荷/(kW·h/m^2)	283.6	280.7	281.1	278.2	271.4
节能率	—	1.05%	0.91%	1.95%	4.31%

比较不同方案的负荷数据，通过与设计方案（透明围护结构的

遮阳方案，遮阳系数 0.4）的比较，可总结得出以下结论。

（1）将方案 1、方案 2 与设计方案进行比较，节能率分别为 1.05%、0.91%，说明项目的设计方案中，外窗的遮阳系数相比天窗的对能耗的影响更大、更敏感。

（2）对设计工况、方案 3、方案 4 进行比较发现，遮阳系数越小，方案的累计热负荷会越大，但累计冷负荷会越小，且累计冷负荷降低的幅度比累计热负荷大。

（3）比较各方案的全年累计总负荷，方案 4 的负荷比设计方案的减少了 7.6×10^4 kW·h，下降了 4.31%，也就是说，站房透明围护结构的遮阳系数 SC 由 0.4 调整至 0.3＋内遮阳，对建筑全年负荷能耗有较大影响，节能效果较显著。

通过以上分析，从节能的角度看，站房透明围护结构的遮阳形式应推荐方案 4，即透明围护结构的 SC 取 0.3 并设置内遮阳。

现有设计方案中外窗、天窗、的具体型号如表 5-7 所示。

表 5-7　站房透明构件的选型

构　件	具体型号
玻璃幕墙	明框（隐框）Low-E 中空钢化玻璃幕墙
外　窗	隔热铝合金型材多腔密封（窗框窗洞面积比 20%）6 mm；高透光 Low-E＋12A＋6 mm 透明
外玻璃门	8 mm＋12A＋8 mm 双层钢化中空透明玻璃；遮阳系数：0.4

可以看出，现有玻璃遮阳系数（市场上双银 Low-e 中空玻璃的遮阳系数范围在 0.2～0.4）可以实现以上方案 4 中透明构件遮阳系数降低至 0.3 的要求。

对于内遮阳形式，外窗、玻璃幕墙的内遮阳可采用卷帘或百叶装置。夏季时，百叶的材质通常是不透光的，但卷帘打开时能通过旋转百叶片来调节太阳辐射；冬季时，也可以收放内遮阳装置，让更多人的阳光进入室内，满足遮阳、采光、通风或太阳能利用的需要。卷帘一般自身具有透光、透景等特点，夏季时，打开的卷帘依然能在满足自然采光的前提下遮挡部分阳光。以上两种内遮阳如图 5-15、图 5-16 所示。

图 5-15　天窗、外窗遮阳卷帘

图 5-16　天窗、外窗遮阳百叶

5.1.4　天窗自然采光优化分析

本项目天窗设计仅设置于旅客服务区和候车厅，相比于候车厅，旅客服务区建筑面积、天窗面积都比较小，对建筑整体的能耗影响不大，可暂不考虑。因此本节的研究工作仅针对候车厅的天窗进行采光优化分析。优化分析路线如图 5-17 所示。

1．方案比选

在满足节能设计标准的前提下，结合以往经验及相关研究出成果，确定了候车厅天窗的 3 个比选方案，具体参数如表 5-8 所示。

在满足节能设计标准的前提下，结合以往经验及相关研究得出成果,确定了候车厅天窗的3个备选方案

天窗比对候车厅的空调和照明均有影响。采用DeST,建立不同天窗比的比选方案的模型,分别进行建筑空调、照明能耗的模拟,并进行分析,获得候车厅合理节能的天窗比

基于以上确定的合理节能的有天窗比,结合丰富自然采光优化咨询经验及相关研究成果,确定不同采光口布置方案

利用DIVA软件,对比选方案进行采光模拟,分析各比选方案的采光分布效果,最终确定最优方案。

图 5-17　天窗自然采光优化路线图

表 5-8　候车厅天窗的比选方案

	方案 1	方案 2	方案 3
天窗比	15%	10%	5%
天窗遮阳系数 SC	0.4 + 可调内遮阳		
可见光透过率	0.42		

注：(1) 在 5.1.3 节确定的方案的基础上继续优化天窗面积；
　　(2) 候车厅天窗比 = 候车厅天窗面积/候车厅建筑面积。

2．DeST 能耗模拟分析

不同天窗比工况下，DeST 能耗模拟统计结果如图 5-18～图 5-21 所示。

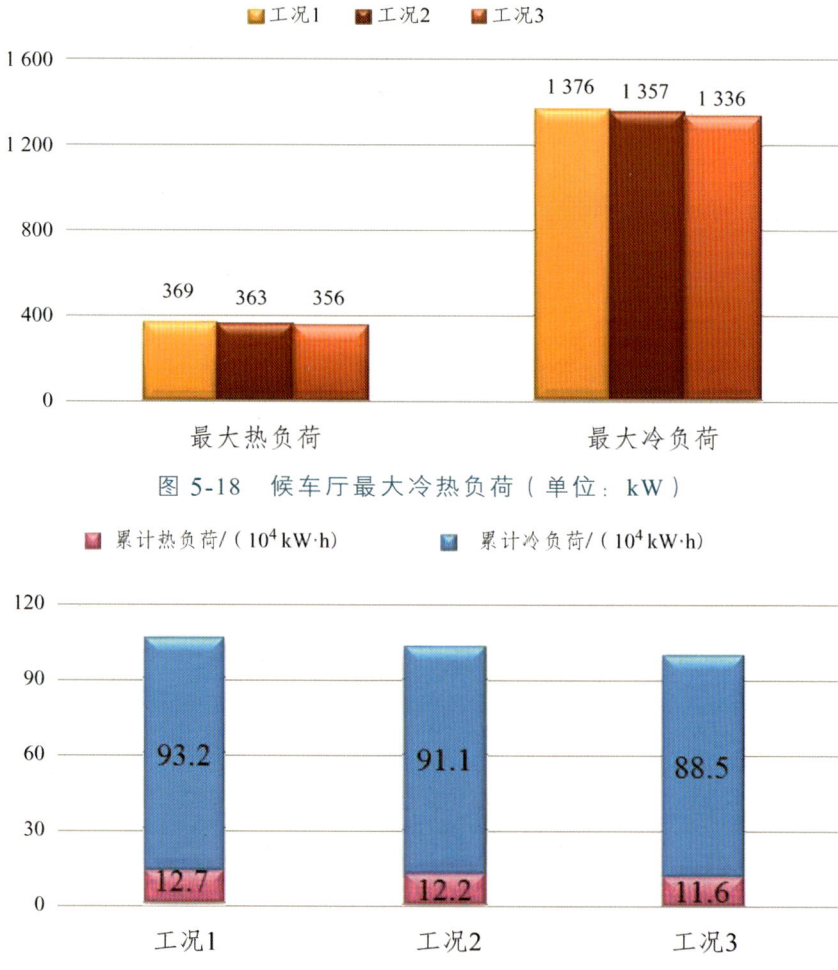

图 5-18　候车厅最大冷热负荷（单位：kW）

图 5-19　候车厅全年累计冷热负荷

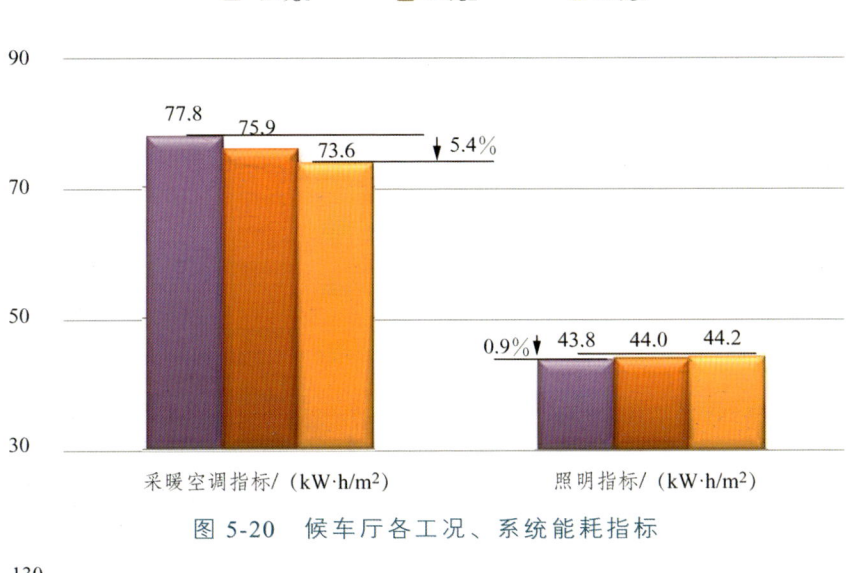

图 5-20　候车厅各工况、系统能耗指标

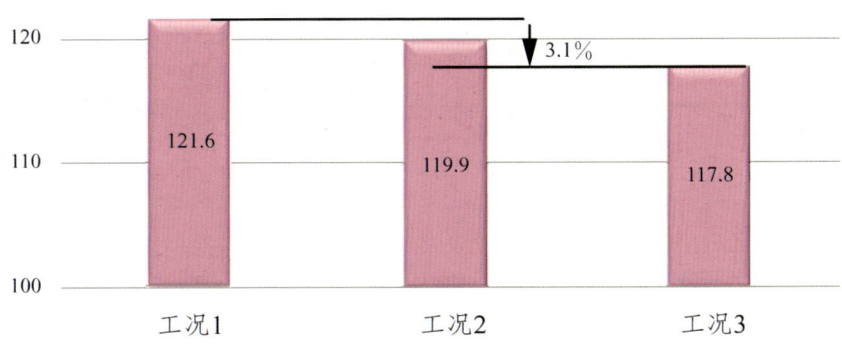

图 5-21　候车厅总能耗指标（单位：kW·h/m²）

从图 5-18、图 5-19 中可知，随着天窗比由 15% 减小到 5%，其冷热负荷也呈现逐渐减少的趋势。

从图 5-20 中可知，天窗比对暖通空调系统的能耗影响较为显著，呈逐渐增长趋势；对照明系统能耗影响不太显著，且变化趋势和采暖空调相反。天窗比从 15% 减少至 5%，照明能耗仅增长 0.9%。

从图 5-21 中可知，工况 1 最高，工况 3 最低，总能耗降低率达 3.1%。

因此，根据以上分析从节能、施工、成本投入的角度考虑，候车厅的天窗比最优方案为方案 3，即天窗比为 5%。

3．采光模拟分析

采光分析所选用软件为 Solemma DIVA for Rhino。采光标准值如表 5-9 所示，该值为根据 GB 50033—2013《建筑采光设计标准》进行修正后的适合重庆地区候车厅的侧面采光+顶部采光的采光标准值。

表 5-9 交通建筑的采光标准值

采光等级	房间区域	参照建筑	侧面采光+顶部采光	
			采光系数标准值/%	室内天然光照度标准值/lx
Ⅲ	候车厅	交通	3.6%	432
Ⅳ	旅客服务	—	2.4	288

结合丰富自然采光优化咨询经验及相关研究成果，拟定 5% 天窗比的具体采光口方案如图 5-22 所示，橙色、粉色、蓝色、紫色边框即为候车厅不同尺寸的天窗，图中靠下凹槽部分的外墙为玻璃幕墙，该部分进深 5 m 内的外区单靠外窗就能达到较好的采光效果，因此，天窗的设置更偏向内区，在内区布置了 10 个不同尺寸的天窗，具体尺寸如下。

（1）橙色部分天窗的尺寸：1.5 m×36 m；

（2）粉色部分天窗的尺寸：1.5 m×6 m；

（3）蓝色部分天窗的尺寸：1.5 m×16 m；

（4）紫色部分天窗的尺寸：1.5 m×12 m。

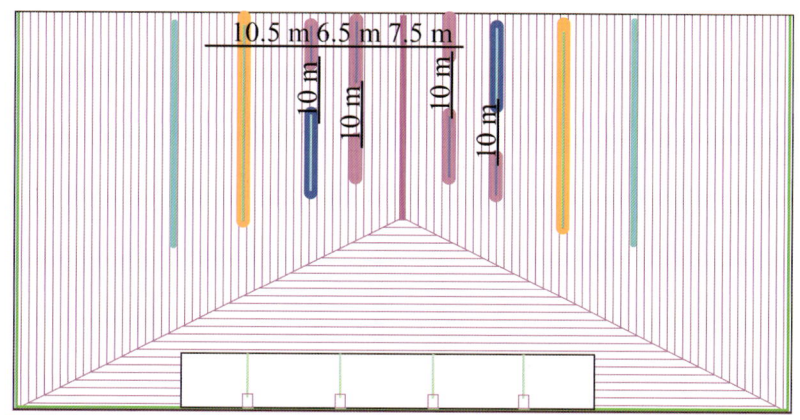

图 5-22　5% 天窗比的天窗布置方案

利用 DIVA 软件，对图中的方案进行采光模拟，计算条件为一年中最不利采光条件：冬至日，天气为阴天，具体时间为中午 12 点。采光系数、照度模拟结果示例如图 5-23、图 5-24 所示。

图 5-23　采光面的采光系数

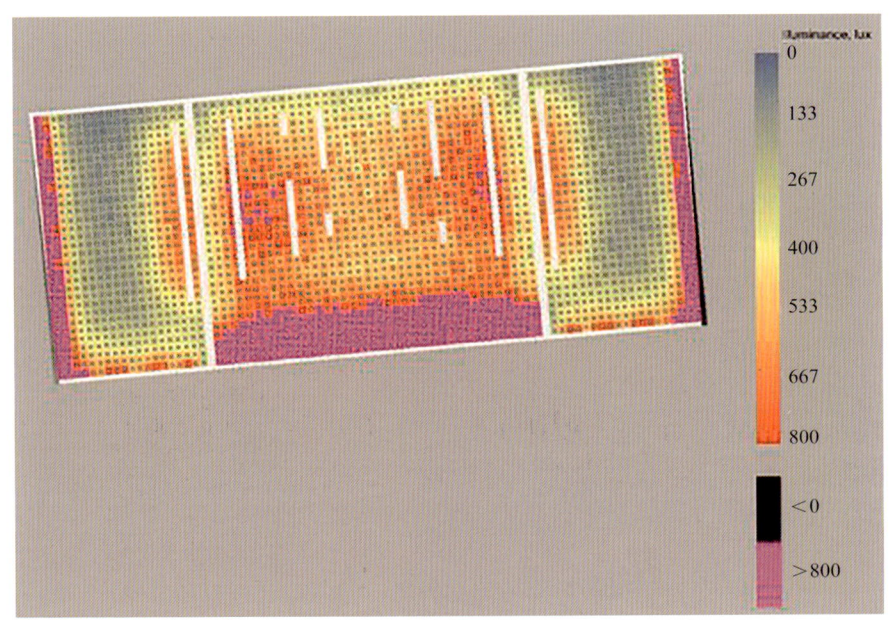

图 5-24 采光面的平均照度

从图 5-23 中可以看出，候车厅南向外墙为玻璃幕墙，即使其对应屋顶没有设置天窗，依然获得良好采光效果；候车厅内区离天窗距离远的小部分区域采光效果会稍微差一些，尤其是内区两个角落。对采光结果进行数据处理得知，候车厅平均采光系数为 6.53%，91.9% 的区域采光系数大于 3.6%，满足采光设计标准的要求。

从图 5-24 中显示，区域的照度分布与采光系数一致，外区照度高，内区则是离天窗距离越大照度越小，内区的两个角落照度最小。根据模拟结果数据统计得知，候车厅的平均照度为 703.4 lx，86.3% 的区域照度大于 432 lx，采光效果较好。

综上可知选用天窗比 5% 的方案，不仅可有效降低采暖空调能耗，而且采光效果良好，绝大部分面积采光系数与照度都达到了标准的要求。相比天窗比 15% 的工况，节能率达 3.1%。

5.1.5 地下空间自然采光设计

沙坪坝交通枢纽地处沙坪坝老火车站位置,是融高铁站房、综合换乘体系、配套城市道路、城市轨道交通及城市广场为一体的综合体,总建筑面积约 7.5×10^5。如前所述,除铁路客专站房、城市广场为盖上高架站房外,其余均为盖下工程(见图 5-25),这部分区域通常需要人工照明来提供正常工作所需的采光环境,照明能耗大。因此,本课题需根据地下空间的建筑设计图纸,尽可能挖掘部分地下空间利用天然采光以降低照明能耗。根据交通枢纽建筑设计图纸,以下地下区域可具有自然采光的条件:

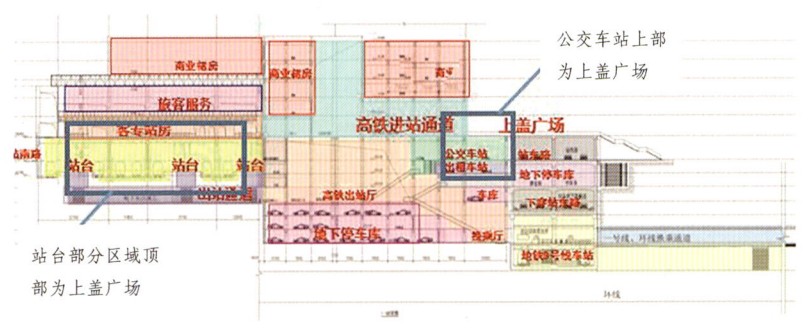

图 5-25 沙坪坝交通枢纽综合体典型剖面图

(1)地下 1 层公交车站(见图 5-26)和地下 1 层站台部分区域顶部为上盖广场,全部为非空调区域。公交车站建筑面积约 3 000 m^2,体量较大且整体呈细长状,无侧面采光条件,顶部为上盖广场,具备利用顶部天然采光的条件。

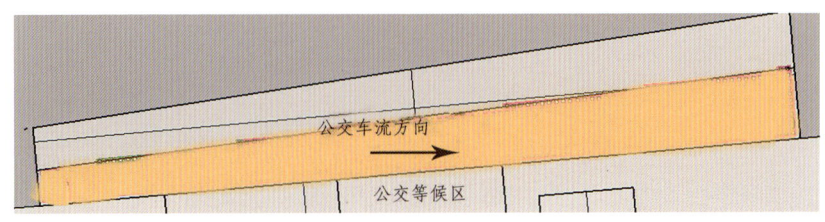

图 5-26 地下公交车站功能分区示意图

（2）交通枢纽的铁路站台约 6 500 m², 一侧外立面为格栅, 顶部为上盖广场, 也可以实现顶部天然采光。综合建筑特点和造价等因素, 天然采光方案确定为直接式天窗形式。

开展地下空间具体自然彩光研究时, 利用 DIVA 软件对不同天窗（各采光口尺寸均为 3 m×3 m）进行采光模拟, 通过对模拟结果的采光效果和分布均匀性来说明各比选方案的可行性, 并通过投资回收期的计算, 说明方案的经济性。研究路线如图 5-27 所示。

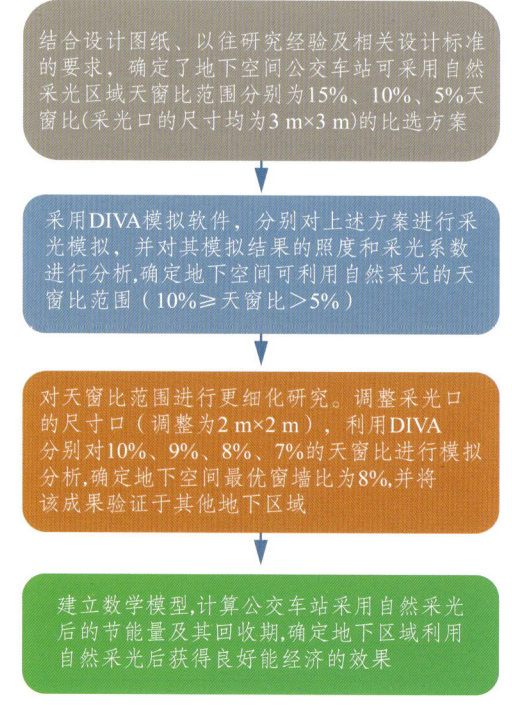

图 5-27　地下空间自然采光优化路线图

1. 采光方案分析

根据设计图纸和调研数据建立沙坪坝交通枢纽 DIVA 采光模拟模型, 如图 5-28 所示。公交车站平面轮廓近似为梯形, 长边为 20 m, 短边为 10 m, 高为 210 m, 层高 7 m。

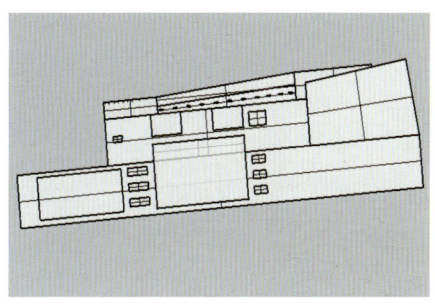
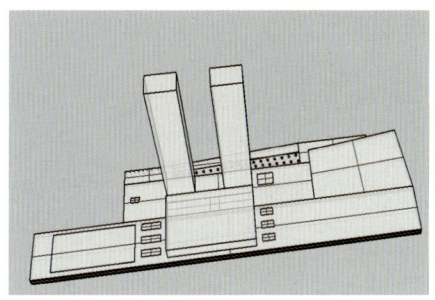

图 5-28　沙坪坝交通枢纽采光模拟平面图和三维图

参考其他工程采光设计经验和本项目特点，首先给出了 3 种初选方案，方案中单个天窗大小相同，尺寸为 3 m×3 m，天窗均匀分布。3 个方案的天窗比分别为 15%、10%、5%。

通过模拟计算，3 种方案的采光计算结果如表 5-10 所示，方案 1 与方案 2 照度和采光系数明显高于标准值，方案 3 的照度和采光系数均低于标准值。通过以上结果可初步确定，恰好满足采光标准的天窗比应低于 10% 且高于 5%。模拟结果如图 5-29 所示。

表 5-10　不同方案采光模拟计算结果

序号	天窗比	照度平均值/lx	照度标准值/lx	采光系数平均值	采光系数标准值
方案 1	15%	270	144	2.5%	1.2%
方案 2	10%	186		1.7%	
方案 3	5%	95		0.9%	

注：GB 50033—2013《建筑采光设计标准》中缺少地下公交车站数据，对其进行修正。

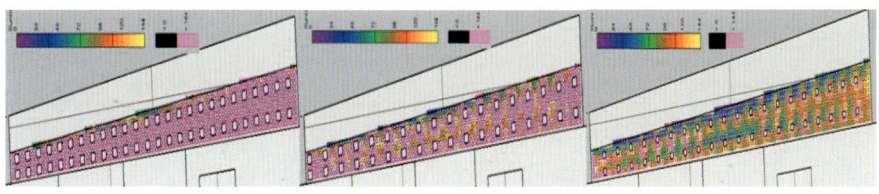

图 5-29　三种方案的模拟结果

通过对比 3 种初选方案的采光结果，结合公交车站功能分区候车区位置和车流方向（见图 5-26），方案 2 的使用区域都能满足标准值要求。为进一步优化天窗比，改善采光均匀性。细化方案可以在天窗比 10% 的基础上进一步减小。考虑到天窗比减小后，采光均匀性会变差，因此将天窗大小调整为 2 m×2 m。通过对多组天窗比的采光效果进行模拟分析，并确定终选优化方案。采光计算结果如表 5-11 所示。

表 5-11 优化方案采光模拟计算结果

序号	天窗比	照度平均值/lx	采光系数平均值
1	10%	189	1.75%
2	9%	168	1.55%
3	8%	149	1.38%
4	7%	128	1.13%

表中给出了不同天窗比的照度和采光系数模拟结果。可以看出，天窗比≥8% 时，照度和采光系数均能满足标准值要求。如图 5-30 所示为天窗比为 8% 时的照度分布情况。可以看出，大部分区域照度能够满足标准值要求，采光均匀性良好。因此，地下空间可利用自然采光区域的最终优化天窗比定为 8%，单个天窗大小为 2 m×2 m。

公交车站的采光方案应用到本项目，其他与公交车站功能相同，空间布局类似的地下空间。地下一层站台南立面位于地上，设置了格栅采光。其中首层候车厅两侧区域（详见图 5-31 中红框范围）为上盖广场，可以设计顶部天窗采光方案。采光模拟结果如图 5-31 所示。

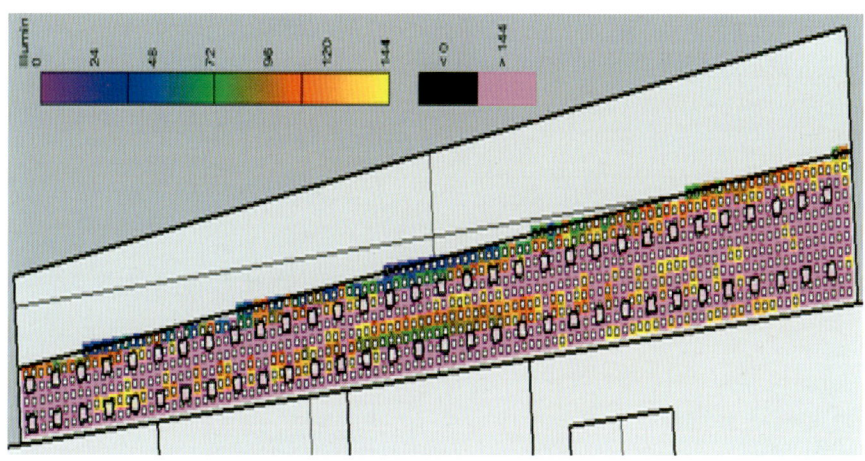

图 5-30　天窗比为 8% 时的照度分布

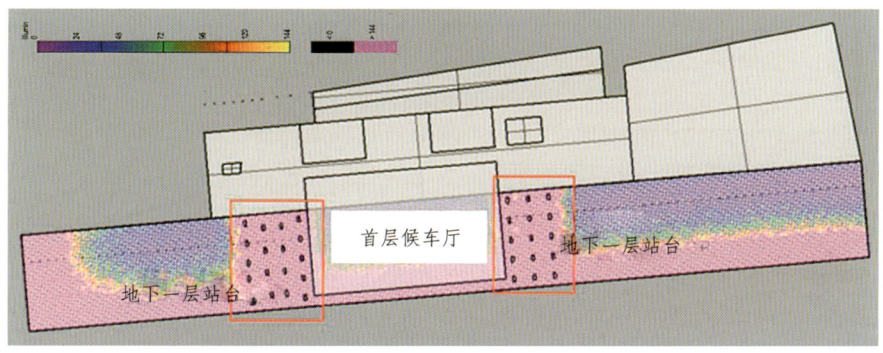

图 5-31　地下一层站台天然采光照度分布

从图中可以看出,室内采光照度和采光系数均满足标准值要求,采光均匀性良好。

2. 经济性分析

公交车站照明灯具采用双管 LED-T8、LED 光源,功率为 2×22 W,顶部嵌入安装,下射直接照明,行列式均匀排布,共 294 组灯具,开启时间为 24 h 常开,如表 5-12 所示。

表 5-12　公交车站照明灯具和照明功率

名　称	功率/W	个数	总功率/W	面积/m²	功率密度/（W/m²）
双管 LED-T8 灯管	44	212	9 328	3 150	4.11
应急双管 T8 灯管	44	82	3 608		

通过 Solemma DIVA for rhino 采光模拟软件对最终优化窗墙比进行逐时采光模拟并根据采光结果计算照明能耗。分别选取冬至日、夏至日、秋分日和春分日的阴天和晴天作为典型日进行逐时照度模拟（见图 5-32），当平均照度满足标准要求时，全部区域采用天然采光，当平均照度小于标准要求时，全部区域开启照明灯具。并对重庆典型气象年的天气情况进行统计，计算全年的照明能耗并评估节能效果，考虑照明灯具的使用寿命，计算投资回收期，结果如表 5-13 所示。

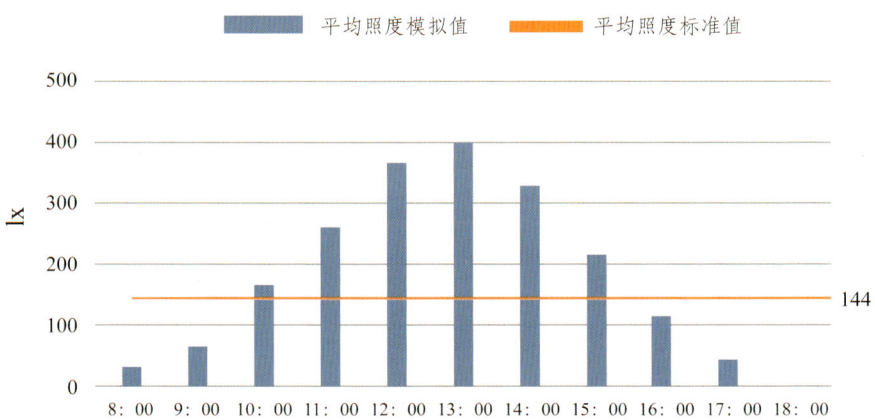

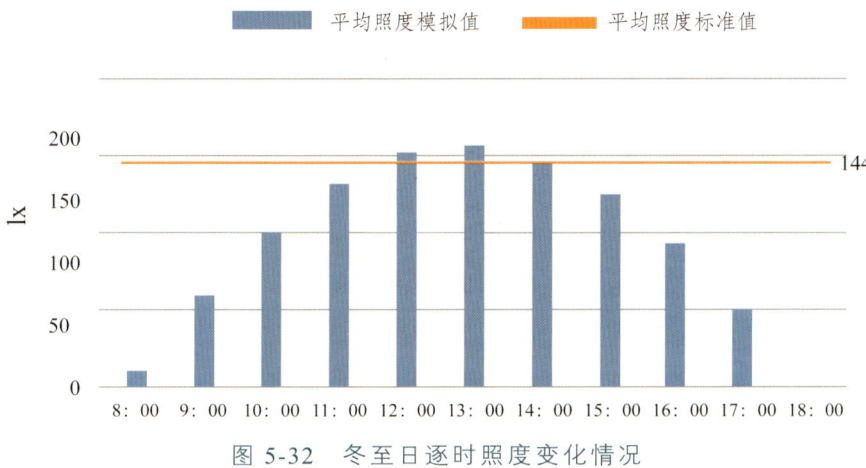

图 5-32　冬至日逐时照度变化情况

表 5-13　照明能耗和经济性分析

方案	初投资/万元	照明能耗/(10^4 kW·h/a)	节能量/(10^4 kW·h/a)	节能比例	投资回收期/a
原方案	0	11.3	0.0	—	—
优化方案	30	8.0	3.3	29%	9

采用天然采光方案，白天大部分时间可以利用天然采光，减少照明灯具的使用。每年天然光利用时数超过 2 500 h，达到全年时间的 1/3，大大缩减了照明时数，照明能耗节能比例达到 30%，节能量可观。

综上，通过采光效果与经济性分析可知，选用天窗比为 8%，单个天窗大小为 2 m×2 m，不仅可有效满足地下空间采光需求，相比无天窗相应区域的照明能耗节能比例可达 30% 以上。

5.1.6　小　结

根据以上研究分析，确定建筑本体方案如下。

（1）重庆地区综合交通枢纽站房围护结构的保温、隔热性能对空调负荷的影响不显著，围护结构热工参数只需保持设计方案即可。

（2）站房透明围护结构的遮阳系数 SC 值建议取 0.3，并设置内遮阳。

（3）站房天窗比建议取 5%，从而在保证采光效果良好、满足标准要求的基础上，有效控制采暖空调能耗不大幅增加。

（4）地下空间天窗比建议取 8%，且单个天窗大小为 2 m×2 m，从而满足地下空间的采光需求。

在上述方案的基础上，初步计算建筑本体优化后的节能率如下。

（1）围护结构保温隔热：本方案与普通交通枢纽（参照建筑）的保温隔热水平相当，因此该部分不计入节能计算中。

（2）外窗及天窗的遮阳形式：本方案仅针对具有大面积外窗及天窗的站房区域，与参照建筑的站房区域相比，该方案冷热负荷可降低 4.31%。

（3）天窗的自然采光：本方案仅针对具有天窗部分的站房区域，与参照建筑（天窗比为 15%）的站房区域相比，节能率达到 3.1%。

（4）地下空间自然采光：本方案仅针对具有自然采光条件的地下一层站台区域，与参照建筑的对应区域相比，节能率可达到 30%。

综上所述，对建筑本体方案进行优化后，可降低建筑的冷、热负荷需求以及照明需求，从而降低暖通空调系统及照明系统的运行能耗。由于上述两个系统在此基础上还将进行进一步优化，因此最终节能率将在对应章节中进行计算。

另外，具体的围护结构做法可参见附录 1、附录 2 中的部分技术。另外，这两部分还整理了《国家重点节能低碳技术推广目录》与建筑节能相关的其他技术。

5.2 暖通空调研究

5.2.1 综合交通枢纽暖通空调系统普遍存在的问题及解决方案

大型铁路客站的建筑能耗指标较一般公共建筑高，其中，由于铁路客站存在较多高大空间，且建筑人流量大、出入口多及运营时间长等，空调和照明能耗占绝大部分，个别铁路客站的空调电耗可占客站总电耗的一半以上，因此，暖通空调系统是建筑节能的重点，如图5-33、图5-34所示。

1. 铁路客站站房室内环境特点

铁路客站站房围护结构采用较多的透明材料（玻璃幕墙、采光顶等），使得该类建筑与普通公共建筑相比，在室内热源方面具有如下特点。

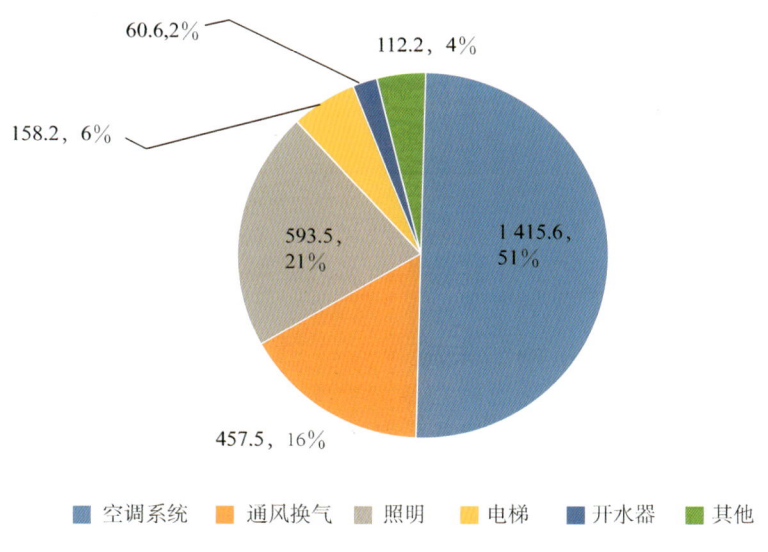

图 5-33 北京南站全年能耗拆分（单位：10^4 kW·h）

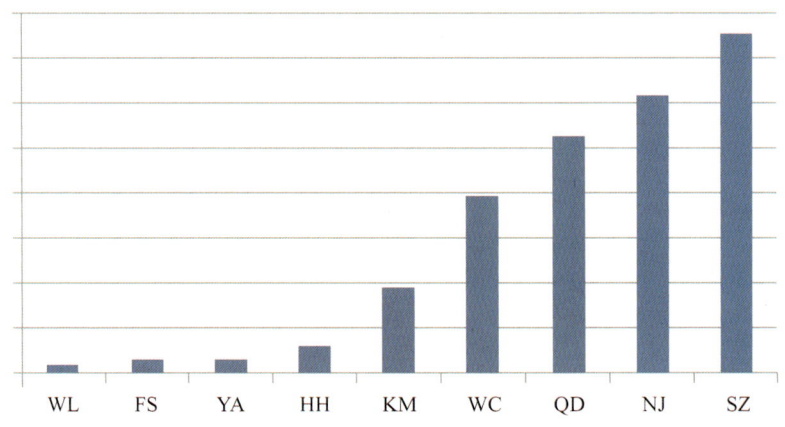

图 5-34　国内部分铁路客站空调能耗指标 [单位：kW·h/（m²·a）]

（1）地板表面太阳辐射强。

夏季，透过透光围护结构照射到地板表面的太阳辐射量较大，通过对北京南站的实际测试，地板表面实测的太阳辐射强度可达 100 W/m² 以上（见图 5-35）。

（a）地面太阳辐射

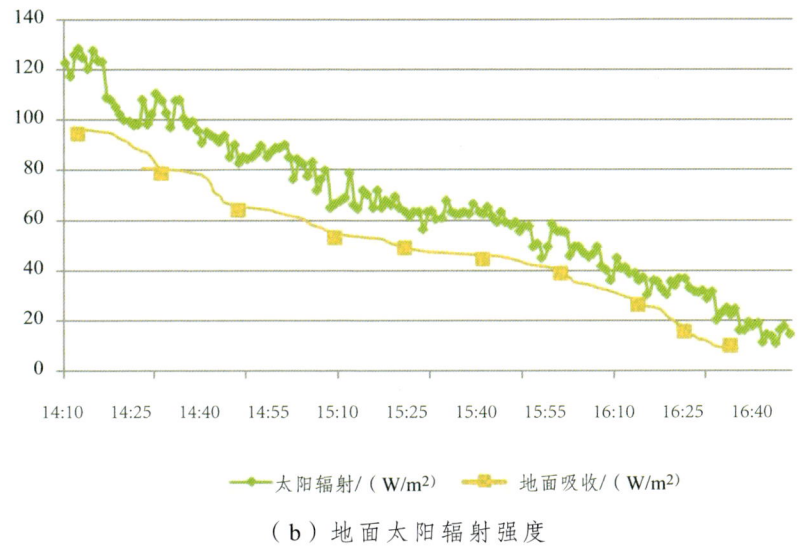

(b) 地面太阳辐射强度

图 5.35 室内地面太阳辐射强度（北京南站候车厅实测）

(2) 围护结构壁面温度高。

与此同时，围护结构的内表面温度也较高，尤其是天窗、玻璃幕墙的表面温度。在室外太阳辐射和高温气候的影响下，外墙内表面、屋顶温度超过 30 ℃，而透明玻璃和天窗的内表面温度可达 35～45 ℃。地面人员受四周高温壁面的影响，平均辐射温度可达到 30 ℃；当空气温度 26 ℃时，操作温度达到 28 ℃，人员感觉偏热。

2. 铁路客站空调系统末端常见问题

铁路客站中候车厅、出站厅、售票厅等属于典型的高大空间，在这样的高大空间场所，室内人员一般只在近地面处（<2 m 高度）活动，空调系统的任务即是保证人员活动区的温湿度需求。

由于铁路客站具有典型高大空间的建筑特点，为营造舒适的室内温湿度环境，目前常采用全空气射流式喷口送风的空调形式。全空气空调系统的工作原理如图 5-36 所示，夏季供冷时制冷机制备约 7 ℃冷水、输送至空调箱内对热湿空气进行降温、除湿；处理后的空气以射流式喷口送风方式送入室内，实现排热排湿的目的，营造出所需求的室内环境。冬季供暖时，则向室内送入热空气对建筑进行供暖。

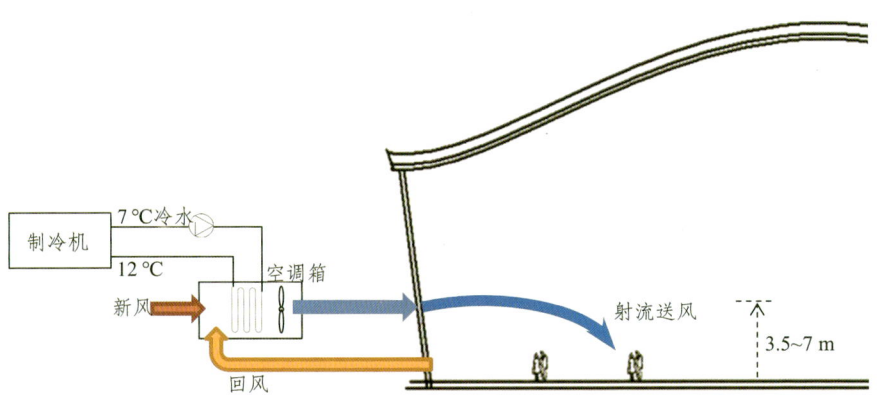

图 5-36 常规空调系统夏季运行工作原理示意图

由于在候车厅中人员仅在近地面 2 m 高度以内的范围活动，因而候车厅高大空间目前较多采用分层空调方式。出于室内气流组织的限制，全空气射流送风系统的喷口高度集中在距地面 3.5～7 m 的高度，即空调系统仅控制喷口高度以下的室内温湿度环境（空调区域高度为 3.5～7 m），人员活动区处于喷口送风的回流区内，如图 5-37 所示。

（a）喷口送风　　　　（b）送风亭　　　　（c）罗盘箱

图 5-37 高大空间典型送风末端

在全空气射流喷口送风空调系统中,由于采用空气作为介质输送冷量、并对室内热负荷和湿负荷进行统一处理,系统存在以下局限。

(1)以空气为介质输送冷量,输配能耗高。

如图 5-38 所示给出了候车厅典型全空气空调系统中制冷机、水泵、空调箱内风机(空调末端)等设备电量消耗的比例。可以看出,除了制冷机能耗,全空气空调系统中风机(空调末端)能耗也占了很大比例,风机能耗接近制冷主机运行能耗。

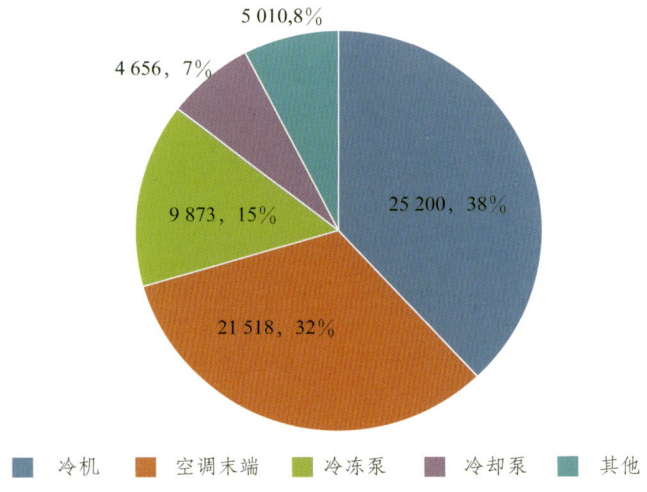

图 5-38 北京南站空调系统夏季某典型日运行能耗拆分(单位:kW·h)

在全空气空调系统中,所有的冷量全部用空气来传送,导致输配效率很低。当输送冷量为 5 kW(不考虑空气承担湿负荷的影响),在空气和水为输送媒介的温差为 5 ℃ 的情况下,需要风道的管径约为 420 mm(风速约为 3 m/s),而水管的管径小于 20 mm(水流速约为 1 m/s);采用空气作为媒介的输送能耗约是以水为媒介时的 4~5 倍。因而,不论从建筑占用空间,还是从输送能耗的角度,都应该尽可能地以水作为输送冷/热量的媒介,尽量不使用空气作为输送媒介。

（2）要求的冷水温度低，限制冷源利用效率。

在空调系统中，显热负荷（排热）占总负荷的 50%～70%，而潜热负荷（排湿）占总负荷的 30%～50%。由于采用热湿耦合处理的方式，为了满足除湿需求，冷源温度受到室内空气露点温度的限制，通常在 5～7 ℃。而若只是进行排除余热的过程，只需要温度为 15～18 ℃ 的冷源就可以满足需求。占总负荷一半以上的显热负荷部分，本可以采用高温冷源排走热量，却与除湿一起共用 5～7 ℃ 的低温冷源进行处理，造成能量利用品位上的浪费，限制了自然冷源的利用和制冷设备效率的提高。

（3）冬季存在"热风下不来"的问题，且舒适性低。

采用全空气的空调系统存在冬季舒适性低、"热风下不来"的问题。热空气密度低，有自发向上运动的趋势，而且冬季的送风量比夏季小，使得喷口的风速小，热空气很难抵达人员活动区域。从而人员活动区域的空气温度较低，人员活动区域上方的空气温度高。即使增大喷口风速或者调整喷口送风角度（冬季为斜向下方向），使得热风能够达到人员活动区，但热风易吹在人身体上，舒适性低。

3．铁路客站空调系统应用情况

如表 5-14 所示中列出了部分典型铁路客站的冷热源与空调方案。目前，大部分客站采用 7 ℃ 左右冷水供冷的空调方案。在冷热源方面，地源/污水源热泵技术得到了较为广泛的应用，而天津站采用了由高温离心式冷水机组和溶液调湿新风机组构建的温湿度独立控制空调系统。

鉴于现有综合交通枢纽空调系统特点及存在的问题，本课题将以沙坪站项目为例，对以下内容进行研究。

（1）空调末端方案研究：对于高大空间建筑，尽可能形成垂直方向温度梯度，对距地面 2 m 以上范围，无需保证热湿环境，以减小热湿负荷；尽量采用局部末端的形式，避免大范围空气循环，降低输配能耗；设法实现局部空间环境调节，应对过高的局部负荷。

表 5-14　国内铁路客运车站空调系统应用情况

典型客站	建筑信息	冷热源及空调方案
杭州东站	站房面积：10^5 m²，三层总高 39.6 m，高峰时刻 1.5 万人	地埋管地源热泵+部分蓄冷的冰蓄冷，夏季供回水温度 6/13 ℃，冬季 46/40 ℃
郑州东站	站房面积：1.4×10^5 m²，三层总高 52.1 m，高峰时刻 1.5 万人	污水源热泵，夏季供回水温度 6.5/13.5 ℃，冬季 50/43 ℃
太原南站	站房面积：4.9×10^4 m²，三层总高 37.8 m，高峰时刻 4 000 人	地源热泵+城市热网，夏季供回水温度 6/13 ℃，冬季 53.5/43 ℃
新长沙站	站房面积：4.6×10^4 m²，三层总高 43 m，高峰时刻 5 000 人	地源热泵+离心式冷水机组，夏季供回水温度 6/13 ℃，冬季 47/40 ℃
天津站	高架候车厅 3.5×10^4 m²，高度 20 m，高峰时刻 7 000 人	高温离心式冷水机组+溶液调湿新风机组，夏季供回水温度 14/17.5 ℃
南京站	站房面积：3.7×10^4 m²，高大空间面积 10^4 m²	直燃溴化锂冷温水机组 3 台，夏季供回水温度 7/15 ℃，冬季 65/57 ℃

（2）冷热源方案研究：尽量利用高温冷源和低温热源，提高设备能效比，并实现对天热冷热源的有效利用。

5.2.2　候车、售票厅空调系统末端解决方案

1．末端方案优化

空调系统末端形式能够影响输配能耗、室内空气温湿度参数、气流组织、室内空气品质等多方面的空调效果。研究适用于本项目具有高大空间、人员数量变化大等特点的末端方案，具体研究路线如图 5-39 所示。

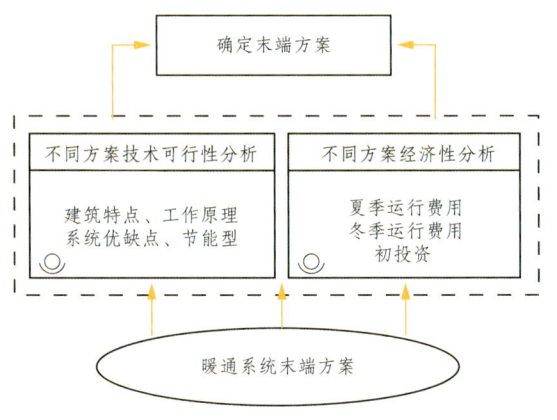

图 5-39 末端方案研究路线图

如前所述，目前铁路客站高大空间通常采用全空气射流式喷口送风的空调形式。由于在高大空间中人员仅在距地面 2 m 高度以下的范围内活动，其余区域均为非空调区域，为了降低能耗，高大空间中喷口送风空调逐渐降低喷口布置高度，向分层空调方式发展，如表 5-15 所示。

表 5-15 高大空间全空气系统从全空间向半空间分层空调发展

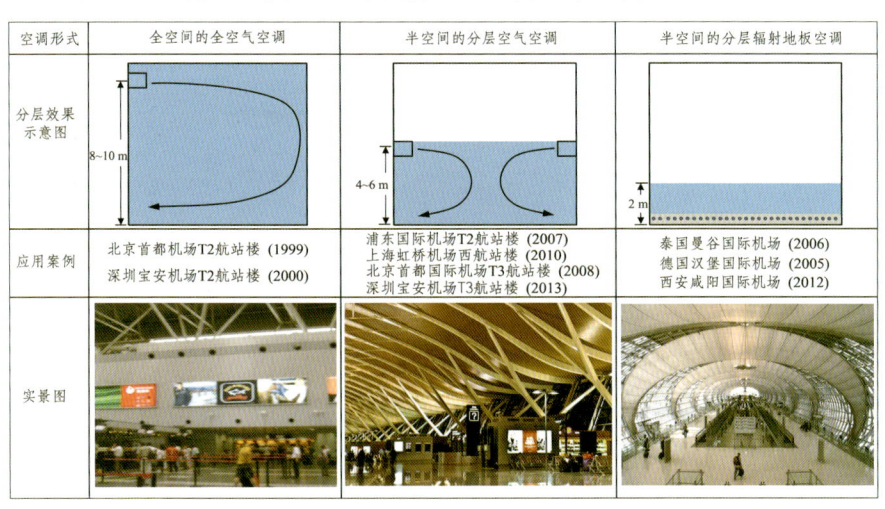

随着送风口高度的降低，室内温湿度环境的调控区域从全空间

减少至半空间。一般来说，喷口附近及以下空间内空气温度维持在设计值附近，喷口以上空间随着高度的升高，空气温度逐渐升高，属于非空调区域。但是，出于室内气流组织的限制，全空气射流送风系统的喷口高度集中在距地面 4～7 m 的高度，空调区域高度也为 4～7 m。

从室内热量传递过程来看，全空气喷口送风方式中采用空气作为输送冷量的介质、并对室内热负荷和湿负荷进行统一处理，存在不同温度掺混、输配能耗高、冷水温度低、冷源利用效率受限等局限。

考虑到全空气系统应用在铁路客站高大空间中的缺陷，近年来，温湿度独立控制空调方式逐渐开始在航站楼、铁路客站等交通枢纽类建筑中得到应用。温湿度独立控制空调系统的原理如图 5-40 所示。它主要包括温度控制系统和湿度控制系统两部分。空气经过"空气处理机组"处理后的送风点达到了相应的需求后，由形式多样并尽可能设置在距离人员等产湿源较近位置的送风口（如个性化送风口）送入室内，直接实现对室内或人员活动区的湿度控制。同时，设置于室内的干式末端设备通过高温冷媒与房间进行热交换，消除室内显热，实现室内温度的控制。

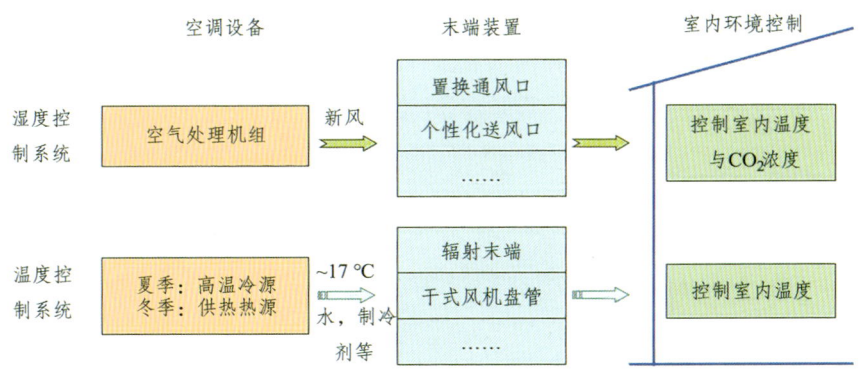

图 5-40　温湿度独立控制系统原理示意图

相比于传统的全空气系统，温湿度独立控制系统在应用于客站高大空间建筑时，可以更好地调节室内温湿度，避免室内温湿度耦合调节，改善室内空气质量；同时，温湿度独立控制系统可以提高能源利用率，充分利用各类自然资源及高能效比的机械压缩式高温冷源；此外，系统中只有新风需要空气输运，可以大大提高输运环节性能。

2．末端形式与经济性分析

近年来，基于温湿度独立控制理念的溶液调湿及辐射地板空调形式快速发展，并在航站楼、铁路客站等交通枢纽类建筑中取得了良好的运行效果。

基于温湿度独立控制的设计理念及设计过程中遇到的实际问题，提出了两种沙坪坝客站候车厅区域的末端方案。两种方案分别为溶液机组＋辐射地板（溶液机组承担全部潜热负荷及部分显热负荷，辐射地板承担部分显热负荷）与单独采用溶液机组（溶液机组承担全部负荷）。本节将对这两种方案的经济性进行对比分析。分析计算时，假定两种方案的冷/热负荷相同，辐射地板铺设面积为 $60 \times 70 = 4\ 200$（m^2）。参考常规辐射地板的性能样本及运行数据，地板的供冷能力按 $35\ W/m^2$ 计算，供热能力按 $50\ W/m^2$ 计算。

上述两种方案的差异在于，方案一中辐射地板承担了部分显热负荷。而对于除此之外剩余部分的负荷，两种方案处理方式完全相同，均由溶液机组承担。因此在进行经济性分析时，只需比较这部分显热负荷。以下将比较承担这部分冷/热负荷，辐射地板与全空气系统的运行费用（计算时认为冷源费用相同，对比输配系统的运行费用）及初投资比较如下。

（1）夏季运行费用对比，如表 5-16 所示。

表 5-16　两种末端方案夏季运行费用对比

末端方案	方案一 辐射地板	方案二 溶液机组全空气系统
承担冷量	4 200 m² × 35 W/m² = 147 kW	147 kW
输配功率	7.0 kg/s × 20 m × 9.8 m/s²/0.7 = 1.96 kW 注：按供回水温差 5 ℃ 计算水量： Gw = 147/（4.18 × 5） = 7.0（kg/s） （辐射地板阻力 20 m，水泵效率 70%）	15.2 m³/s × 1 000 Pa/0.7 = 21.8 kW 注：按送风温差 8 ℃ 计算风量： Ga = 147/（1.005 × 1.2 × 8） = 15.2（m³/s） （风机扬程 1 000 Pa，风机效率 70%）
夏季运行费用	1.96 kW × 10 h × 180 天 × 1 元/(kW·h) × 0.70 = 0.25 万元	21.8 kW × 10 h × 180 天 × 1 元/(kW·h) × 0.70 = 2.75 万元

（2）冬季运行费用对比如表 5-17 所示。

表 5-17　两种末端方案冬季运行费用对比

末端方案	方案一 辐射地板	方案二 溶液机组全空气系统
承担热量	4 200 m² × 50 W/m² = 210 kW	210 kW
输配功率	10.0 kg/s × 20 m × 9.8 m/s²/0.7 = 2.8 kW 注：按供回水温差 5 ℃ 计算水量： Gw = 210/（4.18 × 5） = 10.0（kg/s） （辐射地板阻力 20 m，水泵效率 70%）	21.8 m³/s × 1 000 Pa/0.7 = 31.1 kW 注：按送风温差 8 ℃ 计算风量： Ga = 210/（1.005 × 1.2 × 8） = 21.8（m³/s） （风机扬程 1 000 Pa，风机效率 70%）
冬季运行费用	2.8 kW × 10 h × 90 天 × 1 元/(kW·h) × 0.75 = 0.38 万元 [机组年制热运行 90 天，平均每天运行 10 h；电费按 1 元/(kW·h)；机组平均负荷率取 0.75]	31.1 kW × 10 h × 90 天 × 1 元/(kW·h) × 0.75 = 2.10 万元

（3）初投资对比如表 5-18 所示。

表 5-18　两种末端方案初投资对比

末端方案	方案一	方案二
	辐射地板	溶液机组全空气系统
设备初投资	42.0 万元	29.4 万元
	按辐射地板造价 100 元/m² 计算	按热泵式热回收型溶液全空气机组造价 2 元/W 供冷量计算

根据以上计算，采用辐射地板承担部分显热负荷，在夏季和冬季均能有效降低系统运行费用，全年运行费用比全空气系统低 4.2 万元，而辐射地板初投资比全空气系统高 12.6 万元，投资回收期为 3.0 年。在实际运行中，采用辐射地板时，还可适当提高夏季室内空气设计温度、降低冬季室内空气设计温度，仍可达到与全空气系统相同的热舒适性，实现进一步的节能。

3．方案优势及推广应用潜力

上述计算结果表明，基于温湿度独立控制理念的溶液调湿及辐射地板空调设计在经济性上具有较大优势。针对铁路客站、航站楼等交通枢纽类建筑，这类空调形式具备良好的运行效果和较大的节能潜力。

对比目前交通枢纽类建筑常用的全空气系统，温湿度独立控制系统在热湿处理过程、运行能耗、舒适性等各个方面均具有显著优势，如表 5-19 所示。

表 5-19　温湿度独立控制系统应用于交通枢纽类建筑的特点

	目前系统存在的问题	温湿度独立控制空调系统的解决方式
1	热湿统一处理的损失	避免此部分损失
2	冷热抵消及除湿加湿抵消造成的损失	避免此部分损失
3	难以适应热湿比的变化	采用温度控制子系统和湿度控制子系统，分别调节室内温度与湿度，满足建筑热湿比的变化需求

续表

	目前系统存在的问题	温湿度独立控制空调系统的解决方式
4	室内末端装置	冬夏共用统一的末端装置； 为辐射板夏季应用提供了条件
5	输送能耗	系统循环风量仅为满足人员等要求的新风量，远低于全空气系统的循环风量；温度控制系统推荐采用水或者制冷剂作为输送媒介
6	对室内空气品质的影响	室内余热消除末端装置处于干工况运行，无凝结水
7	对人体热舒适的影响	辐射换热占比较大，操作温度低，热感觉较优

由于我国幅员广阔，不同区域气候差异较大，夏季室外参数差异较大。因此，在交通枢纽类建筑中应用温湿度独立控制空调系统时，可根据室外气象参数类型确定具体的末端方式及空气处理流程。

依据室外气象条件可分为干燥地区和潮湿地区，如表 5-20 所示给出了一些代表地区的室外湿度状况。在干燥地区，室外空气比较干燥，空气处理过程的核心任务是对空气的降温处理过程。而在潮湿地区，需要对新风除湿之后才能送入室内，空气处理过程的核心任务是对新风的除湿处理过程。

表 5-20 我国主要城市所处气候分区

分 区	夏季对新风的处理需求	冬季对新风的处理需求	代表地
Ⅰ区——干燥地区	降温	加热、加湿	博克图、呼玛、海拉尔、满洲里、克拉玛依、乌鲁木齐、呼和浩特、大柴旦、大同、哈密、伊宁、西宁、兰州、阿坝、喀什、平凉、天水、拉萨、康定、酒泉、吐鲁番、银川

续表

分　区	夏季对新风的处理需求	冬季对新风的处理需求	代表地
Ⅱ区——潮湿地区（秦岭淮河一线以南）	降温、除湿	加热、加湿	南京、合肥、重庆、成都、贵阳、武汉、杭州、宁波、长沙、南昌、福州、广州、深圳、海口、南宁
Ⅲ区——潮湿地区（秦岭淮河一线以北）	降温、除湿	加热、加湿	哈尔滨、长春、沈阳、太原、北京、天津、大连、石家庄、西安、济南、郑州、洛阳、徐州

结合我国暖通规范的规定：长江流域不采暖，以北的区域采暖，以南的区域冬季不采暖。可以按照室外气候条件，将我国划分成3个区域。其中Ⅰ区和Ⅱ、Ⅲ区的分界线为干燥区域和潮湿区域的分界线，Ⅱ区和Ⅲ区的分界线为我国重要的地理分界线——秦岭淮河一线。区域Ⅰ为西北干燥地区，区域Ⅱ为秦岭淮河一线以南的潮湿地区，区域Ⅲ为秦岭淮河一线以北的潮湿地区。

对于Ⅰ区，夏季室外含湿量很少出现高于 12 g/kg 的情况。这时，可以通过向室内通入适量的干燥新风来达到排除室内余湿的目的，此时新风处理机组的主要任务是对新风进行降温。夏季可考虑采用蒸发冷却的方式对新风进行处理。对于Ⅱ区域，夏季室外温度和含湿量都很高，需要实现对新风的降温除湿处理过程。如何实现高效的新风除湿处理过程是此区域新风处理的关键。此时可根据实际需求采用冷凝除湿、溶液除湿或固体吸湿材料除湿 3 种方式对新风进行处理，同时，对自然冷源、余热等进行充分利用。而Ⅲ区与Ⅱ区夏季气候条件类似，与Ⅱ区不同的是，这一地区冬季室外新风温度、含湿量水平都较低，新风处理过程同时存在加热、加湿需求。当夏季新风处理过程采用溶液除湿方式时，冬季可以使用同一套设备实现对新风的加湿处理；但当选用冷凝除湿方式时，冬季无法利用同一套设备实现对新风的加湿处理，就需要单独设置加湿设备来满足新风处理需求。

通过对我国不同地域室外气候条件的分析，结果表明通过不同的空气处理方式，温湿度独立控制系统可在全国不同地区实现应用。目前，对于交通枢纽等高大空间类建筑，温湿度独立控制系统已经在西安、深圳、乌鲁木齐及泰国曼谷等地实施应用，大幅降低了建筑空调能耗。运行结果表明，温湿度独立控制空调系统具有良好的适用性和推广潜力。

5.2.3 空调系统冷热源方案及能耗分析

空调系统冷热源选择是空调系统设计过程中的重要步骤。冷热源的选型、设计首先需要与空调末端方案相匹配，并综合考虑设备初投资及运行能耗，实现最佳经济效益，研究路线如图 5-41 所示。

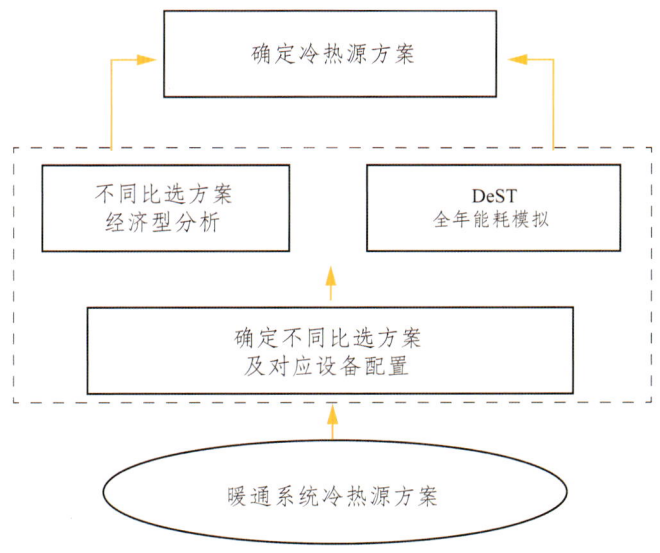

图 5-41　冷热源方案研究路线图

1. 方案分析

根据沙坪坝交通枢纽站房空调设计方案，候车厅采用溶液全空气机组进行空气调节，而售票厅采用溶液机组+干式风机盘管，实名验证区采用干式风机盘管。其中，溶液机组自身可提供一部分冷量，而降温段夏季则需要集中冷源提供高温冷水；冬季需要集中热源提供热水。此外，售票厅的干式风机盘管也需要集中冷/热源供冷/热。

系统考虑采用风冷热泵作为冷热源。采用热泵机组，可以在冬夏季采用同一套机组，提高设备利用率，避免冷热源切换。设计时，考虑风冷热泵和蒸发式风冷热泵机组两种不同方案。本节将对这两种方案进行对比分析。经济性分析基于以下空调方案：候车厅、售票厅区域设计冷负荷 1 612 kW，全部采用热泵式热回收型溶液全空气机组供冷。风冷热泵设计供回水温度为 14/19 °C。

候车厅区域采用 4 台 HVA-SR-40_EF-12.0 热泵式热回收型溶液机组，每台机组自身的供冷量为 245 kW（参考有关样本）；售票厅区域采用 1 台 HVF-06 泵式热回收型溶液机组，机组自身供冷量为 122 kW。溶液机组自身总供冷量为 1 102 kW。排除溶液机组自身的供冷量，风冷热泵实际需要提供的供冷量为 1612 − 4 × 245 − 122 = 510（kW）。而根据设计图纸，候车厅、售票厅区域共设置 4 台风冷热泵，单台的额定供冷量为 168 kW，总额定供冷量为 672 kW。

对于高温冷水（14 °C 供/19 °C 回）风冷热泵机组，参考有关样本，估计常规风冷热泵机组 COP 为 3.71，蒸发式风冷热泵机组为 5.36。常规风冷热泵与蒸发式风冷热泵的造价分别按 1 450 元/kW 制冷量及 1 650 元/kW 制冷量估算。

重庆地区夏季空调室外设计参数为干/湿球温度 35.5/26.5 °C，相对湿度 50.2%。而风冷热泵额定工况下室外参数为干/湿球 35/26 °C，由热力完善度变化估算：在重庆地区室外设计参数下，常规风冷热泵与蒸发式风冷热泵的 COP 比额定值分别低 1.0% 与 1.5%，分别为 3.68 及 5.28。

假定两种方案冷冻水泵、末端设备相同，由此可以计算两种方案夏季运行电耗及费用，如表 5-21 所示。

表 5-21 两种冷热源方案夏季运行费用对比

空调方案	方案一 蒸发式风冷热泵	方案二 常规风冷热泵
总制冷量	510 kW	510 kW
输入功率	510/5.28 = 96.6 (kW)	510/3.68 = 138.6 (kW)
年耗费用 不考虑冷冻水泵	96.6 kW×10 h×180 天 ×1 元/(kW·h)×0.70 = 12.2 万元	138.6 kW×10 h×180 天 ×1 元/(kW·h)×0.70 = 17.5 万元
	[机组年制冷运行 180 天，平均每天运行 10 h； 电费按 1 元/(kW·h)；机组平均负荷率取 0.70]	
水费	0.71 m³/h×10 h×180 天× 3 元/t = 0.38 万元 （水费按 3 元/t 计算）	0
夏季费用比较	方案一比方案二节省费用：17.5 万元 − 12.2 万元 − 0.38 万元 = 4.9 万元	

两种方案初投资对比如表 5-22 所示。

表 5-22 两种冷热源方案初投资对比

空调方案	方案一 板管蒸发冷却式螺杆 冷热水机组	方案二 风冷热泵模块机组
主机系统	672×0.165 = 110.9（万元）	672×0.145 = 97.4（万元）
配电差额	配电负荷 127.3kW	配电负荷 182.6 kW
	方案二比方案一增加（182.6 − 127.3）×（0.07 + 0.05）= 6.6 （万元）（增容费 700 元/kW；电缆增加费 500 元/kW）	
总结	方案一比方案二初投资多：110.9 万元 −（97.4 + 6.6）万元 = 6.8 万元	

由于冬季供暖负荷不大，且两种冷源制热 COP 相差较小，在分析时不做考虑。通过以上计算结果可知，常规风冷热泵初投资比板管蒸发式风冷热泵低 6.8 万元，但年运行费用多 4.9 万元，投资回收期为 1.39 年，推荐采用蒸发式风冷热泵机组。

2．能耗计算分析

根据现有的沙坪坝交通枢纽暖通设计方案，可以对沙坪坝站站房区域（候车、售票、安检区域，不含办公区域等）空调系统全年能耗进行计算分析。沙坪坝站站房区域现行的空调方案：候车厅区域采用 4 台溶液全空气机组，配合喷口对喷的末端方式进行空气调节；实名验证 + 客运值班区采用风机盘管送风；售票厅 + 售票室 + 制证室采用溶液机组结合风机盘管的空调方式。站房部分其余区域采用多联机等分散式或半集中式空调系统形式，此处不进行计算。风机盘管及溶液机组再冷／热段通过蒸发式高温冷水空气源热泵提供冷／热水。

通过模拟计算，可以得到沙坪坝站站房部分的全年逐时空调负荷，包含候车厅、实名验证 + 客运值班室、售票厅 + 售票室 + 制证室三个区域。计算时，基础方案围护结构参数选取如表 5-23 所示。

表 5-23　基础方案围护结构参数

单位：$[W/(m^2 \cdot k)]$

	传热系数	夏季综合遮阳系数
屋　　面	0.55	—
外　　墙	0.93	—
底面接触室外空气的架空或外挑楼板	0.89	—
外　　窗	2.5	0.40
屋顶透明部分	3.0	0.40

此外，考虑在基础方案上进行优化，得到优化方案：采用遮阳

系数更小（SC 值为 0.3）的外窗和天窗，并添加了可调内遮阳装置，打开遮阳装置后，综合遮阳系数仅为 0.18。另外，优化方案考虑自然通风，并在模拟计算负荷时纳入考虑。

计算空调系统全年能耗的基本方法如下：

对于夏季，候车厅溶液全空气机组的溶液调湿段负责候车厅及实名验证区域的新风显热负荷和全部除湿负荷，高温冷水再冷段负责候车厅的室内显热负荷。实名验证区由风机盘管负责该区域室内显热负荷。售票厅溶液机组负责该区域新风显热负荷和全部除湿负荷，而风机盘管负责该区域室内显热负荷。风机盘管及溶液机组再冷段的高温冷水由空气源热泵提供。蒸发式空气源热泵夏季额定 COP 为 5.36，候车厅溶液机组溶液调湿段为 3.87，售票厅溶液机组为 4.67。同时，参考样本在不同负荷率下的性能曲线，拟合函数得到部分负荷工况下各机组的 COP。另外，候车厅溶液机组风机能耗为 15.9 kW/台（共 4 台），售票厅溶液机组风机能耗为 2.4 kW/台，各风机盘管风机总能耗为 4.1 kW。

基于以上条件，计算得到供冷季基础方案空调系统电耗为 632 924 kW·h，优化方案空调电耗为 543 856 kW·h。

对于冬季，空调负荷远小于夏季负荷，而站房区域没有湿度控制要求，因此溶液机组溶液段不需要开启，只需通过空气源热泵提供热水满足供暖需求。

基于以上条件，计算得到供暖季基础方案空调系统电耗为 202 410 kW·h，优化方案空调电耗为 206 482 kW·h。

而过渡季时，冷热源设备关闭，只需向室内送入新风。因此，空调系统能耗只包含车站运营时间段内的风机电耗。因此两种方案过渡季空调电耗是相同的。计算得到过渡季空调系统电耗为 112 643 kW·h。

通过以上计算，可以得到两种方案全年空调电耗，如表 5-24 所示。

表 5-24　两种围护结构方案空调电耗对比

单位：kW·h

	供冷季电耗	供暖季电耗	过渡季电耗	全年空调系统电耗
基础方案	632 924	202 410	112 643	938 976
优化方案	543 856	206 482	112 643	862 980

通过计算可知，沙坪坝站房区域（候车区域+售票区域+安检区域）全年空调电耗约为 9.0×10^5 kW·h。其中，采用优化方案后，即改进透明围护结构遮阳系数、增加内遮阳装置后，供冷季电耗明显减小，虽然供暖季电耗稍有增加，但总体来看，全年空调系统电耗减小了 8.1%，改善遮阳可以起到显著的节能效果。

5.2.4　地下空间区域通风空调方案设计及运行分析

沙坪坝交通枢纽地下空间包含地下停车库、地铁车站、换乘厅、换乘通道等区域。作为交通枢纽的重要组成部分，地下空间是相对特殊的一类区域。地下空间处于一个相对封闭的场所。虽然由于土层的蓄热作用，地下空间一般受外界气象条件影响较小，具有冬暖夏凉的特点，但是沙坪坝地下空间内部存在显著的内热源，例如对于地铁车站区域，包括列车牵引、刹车系统、列车空调及人员的散热；对于车库区域，包括车辆产热等。除此之外，地下空间存在严重的污染源，对于地铁车站区域，包括列车刹车闸瓦产生大量的粉尘、乘客和工作人员新陈代谢产生大量的 CO_2 等；对于车库区域，包括车辆行驶排放的污染物等。在地下线路相对封闭的条件下，仅靠空气的自然流动和扩散，难以有效排除各种污染物，也无法保持人员活动区域空气环境的舒适性。

另一方面，沙坪坝交通枢纽地下空间结构复杂，不同区域的空气调节需求不同。例如，地铁车站及换乘通道需要保证人员热舒适，而地下车库通常只需保证 空气污染物浓度达标。加上地下空间面积大、连通复杂，因此，地下空间的通风空调系统的节能设计具有较大的挑战性。

目前，地下交通枢纽类建筑，如地铁车站、地下铁路车站等常采用大、小系统的空调方式。即对站台、站厅、换乘区域等人员活动公共区域，多采用全空气送风系统（大系统）；对于地下空间内的工作区和设备区等房间，采用风机盘管+新风系统（小系统）。

对国内若干典型地铁、地下铁路客站的能耗统计分析表明，空调、通风等环控系统能耗占车站总能耗的 35%～50%。其中存在的主要问题为站台、站厅、换乘区域过量供冷和机械新风过量。过量供冷主要体现在室内控制温度低，导致室内冷负荷巨大，进而导致系统能耗水平较高。地铁车站在运行过程中，由于车辆带来活塞风及通过换乘、出站通道的渗风作用，会带入大量室外新风。而此类建筑在设计时往往存在机械新风过量，远超人员需求，同时削弱了通道渗风的新风引入，同时还引入了巨大的冷负荷。

此外，为了保持地铁隧道内空气流通，通常需要在地铁车站两端设置活塞风井；为了排除车辆刹车产热，还需设置排热风井，排除轨顶、轨底发热，通常如图 5-42 所示。

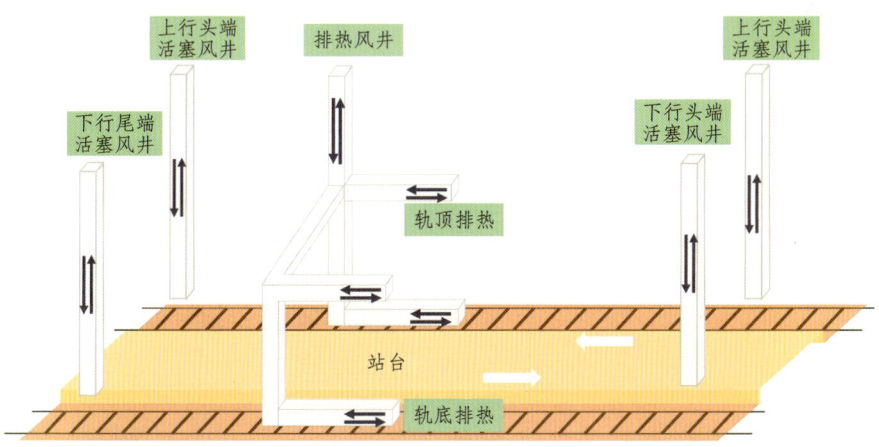

图 5-42　地下轨道交通车站常见排风、排热形式

基于这些分析，对沙坪坝交通枢纽地下空间通风空调系统的设计和运行过程中，提出以下建议。

（1）对我国现有地下交通枢纽类建筑的调研测试表明，往往存在公共区域新风量过大的问题，导致能耗增大。对于站台、站厅、换乘区域等人员活动公共区域，根据室内CO_2浓度，确定空调系统新风阀开度，避免过量的新风引入，减小空调负荷。

（2）在保证室内新风需求的前提下，优化空调系统运行模式：当人员活动区域温度低于设定温度时，可运行不排不送工况，即停止主动空调系统运行；当站厅或站台温度高于设定温度，可运行全回风工况。

（3）对于地下车库等只需满足新风需求的区域，可根据CO_2浓度反馈调节，通过风机变频等方式降低通风系统能耗。

5.2.5 小 结

通过对空调系统负荷优化、候车厅空调末端形式、冷热源设备选型等沙坪坝交通枢纽暖通空调系统的分析研究，结果表明对建筑本题设计、空调系统优化设计后，可大幅降低空调系统能耗。

1．站房空调末端

本课题以候车厅为例，对其承担显热负荷（夏季）及冬季部分热负荷的空调末端方案进行优化。初步确定进行比选的方案分别为（1）辐射地板；（2）溶液机组全空气。两种方案的全年运行能费用分别为

（1）辐射地板：0.25万（夏季）+ 0.38万（冬季）= 0.63万元。

（2）溶液机组全空气：2.75万（夏季）+ 2.10万（冬季）= 4.85万元。

采用辐射地板作为显热末端，可实现候车厅温湿度分控，同时降低全年运行费用4.2万元。

2．站房冷热源

本专题以候车厅为例，对其冷热源方案进行优化。初步确定进行比选的方案为（1）蒸发式风冷热泵；（2）常规风冷热泵。这两种方案的全年运行能耗分别为

（1）蒸发式风冷热泵：12.2 万 kW·h。

（2）常规风冷热泵：17.5 万 kW·h。

采用蒸发式风冷热泵，可有效提高设备 COP，降低全年运行费用 4.9 万元。

3．冷热负荷优化

建筑本体优化方案，使得建筑空调采暖系统所需提供的冷、热负荷有所降低，节能率可达到 8.1%。

5.3 电气专题研究

5.3.1 综合交通枢纽电气系统普遍存在的问题及解决方案

电气系统中，照明系统占建筑能耗的比例可高达近 40%，而能源管理系统是建筑节能健康运行的有效保证，上述两个系统与建筑节能运行关系紧密。因此，本章将重点对照明系统及楼宇能源综合监控管理系统进行研究。

1．照明系统

综合交通枢纽建筑功能复杂，除自身作为铁路客运站所必需的售票、进出站、候车等功能外，客站建筑还具备购物、餐饮、休息、商务活动甚至展览、展示等功能；同时，综合交通枢纽建筑体量巨大，结构复杂，并大量采用玻璃幕墙、天窗等透光材料（见

图 5-43）。因此，综合交通枢纽建筑的照明系统设计有着与其他建筑照明不同的特点及需求：

（1）复杂多样的功能需要多样的照明，照明设计必须充分研究各种功能对照明的需求，针对性地给出相应的方案，并使它们成为有机的整体。

（2）客站建筑的大空间使得照明效率急剧下降，同时给灯具的安装、维护带来了较大的难题。照明系统设计需要平衡效果、效率、安装维护的方便性等各方面的因素，综合优化方案。

（3）充分研究透光材料的光学特性及其在建筑物中的分布位置，并统一考虑自然光与人工光、照明与控制系统之间的相互关系。

图 5-43　车站照明

综合考虑以上问题,本课题将以沙坪坝项目为例,对照明系统以下几个方面进行研究。

(1)光源选择及灯具布置。

一般进行照明设计时会采用效率高的灯具及光效高的光源,然而,站房由于层高及面积都很大,因此一般的低光强照明灯具(如荧光灯等)并不适于选用,而是常用高强度气体放电灯作为主要光源,例如金属卤化物灯、高压钠灯、高压汞灯等。此外,不同类型的 LED 光源也已广泛应用于各类公共建筑中。因此,在光源的选择上,应充分考虑其舒适性、功能性和节能性,针对不同使用场所综合比选光源类型。

需要注意,高大空间由于有很大一部分光被照射到不需要或需要较少照明的位置(如侧面墙壁),只有少部分光能够照射到真正需要照明的部位(如地面、台面等),因此照明效率往往比较低,照明能耗浪费巨大。为此,综合交通枢纽的照明系统设计需要精确控制灯具的配光,确保灯具发出的光投射到特定的范围,以此提高整个空间的照明效率,减少灯具数量及功率,从而达到节能的目的,如图 5-44 所示。

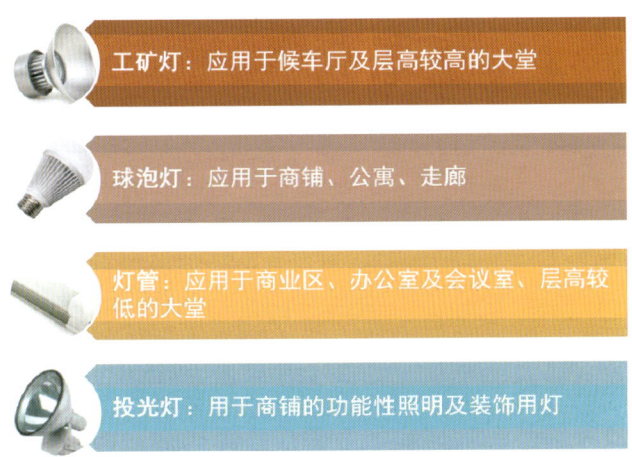

图 5-44　常见光源类型

（2）控制方式与控制策略。

综合交通枢纽是 24 h 运营的建筑，如果所有的灯具都 24 h 开启，则消耗的电量是相当惊人的。事实上，白天可以充分利用自然光，并且夜间并不是每一个区域都有人的活动，尤其是大型客站，经过的铁路线很多，不同的线路使用不同的区域。因此，需要采用智能化照明控制方式，根据时间、照度、列车进出站情况等因素，为不同时段、不同区域、不同场景、不同天气等状况设置不同开灯模式，优化照明系统运行。

目前，我国已实施的《建筑照明设计标准》（GB 50034—2013）对各种类型建筑的照度水平、照明功率密度等参数对进行了规定，本章在满足此规定的基础上，针对综合交通枢纽的不同功能区域，包括站房、办公、公寓等，充分考虑其使用特点、采光需求等因素，分别对其灯具布置方案、控制装置及控制策略进行研究，并在此基础上，对其全年照明能耗及优化方案节能率进行核算。

2. 楼宇能源综合监控管理系统

交通枢纽设备作为车站生产运营的重要组成部分，具有种类多、数量大、价值高等特点，旅客服务质量越来越依赖于自动售票机、自动检票机、自动取票机、引导屏、广播、照明、电梯、空调等客运设备的运行质量。客站设备的安全、稳定、高效运行是确保客运生产组织运营安全、提高客运服务质量、营造车站环境舒适度以及影响旅客出行体验中的关键环节和重要手段。

楼宇能源综合监控管理系统是利用数据采集、控制及系统集成技术，控制优化各种机电设备运行，利用计算机及网络技术搭建信息交互平台，实现信息自动化，对建筑设备能效进行监测、分析和管理，既能提供节能的手段，又能提供精准的数据和科学分析。然而，通过对多个实际工程项目的调研，发现大多数的能源监控管理系统并没有达到高效管理与节能的目标，造成投资的极大浪费。主要表现如下：

（1）建设过程中，电表的数据的准确性未进行核对，从而影响最终监测数据的可靠性；

（2）计量表安装、时间间隔、储存不规范，很多数据混在一起；

（3）系统仅仅作为设备状态监视或设备启/停控制使用，并未实现真正的优化控制；

（4）缺乏对数据的深入分析，无法有效反馈到各系统的运行控制中。

造成上述现象的原因有很多方面，究其根本，主要是由于能源综合监控管理系统属于工程性产品并非成套设备，系统性能受人为因素的影响很大，再加上很多项目的建设方、管理方和使用方分离，造成能源综合监控管理系统在设计、建设时多注重形式，使用效果并未受到重视；而在使用过程中发现问题后，整改成本较大，最终导致预期功能无法全部实现。

未来交通枢纽应对各系统建立统一一体化的设备运用监控系统，实现客站设备联网动态监控，优化客站设备运用与维护管理，满足设备运用计划、在线状态监测、远程运维管理和能源能耗管理功能需求，完成对设备全寿命周期跟踪管理，为辅助决策支持和强化运维手段提供信息化支撑，全面提高客站设备的安全使用和集中管理，延长设备使用寿命，提高旅客服务质量，达到提质增效的效果。

针对上述现象，本章将在 5.3.3 节对能源综合监控管理系统提出建设目标、建设原则的基础上，对整体的逻辑架构、物理架构以及各主要设备（特别是暖通空调系统）需要实现的功能、具体参数要求等内容，结合综合交通枢纽的实际使用特点，做出详细的要求，从而确保系统可以在实际运行过程中实现预期效果。

5.3.2 照明系统节能设计研究

照明系统的节能设计研究主要是对交通枢纽的站房、地下空间以及上盖部分大面积的塔楼办公、公寓区从灯具布置、控制方式与控制策略两个方面展开，并通过照明能耗的精细化计算，获得优化方案的节能效果。

鉴于 5.1 节建筑专题研究中已对站房及地下空间的自然采光进行了充分分析，这里将结合利用其相关结论与模拟结果进行研究分析，研究路线如图 5-45 所示。

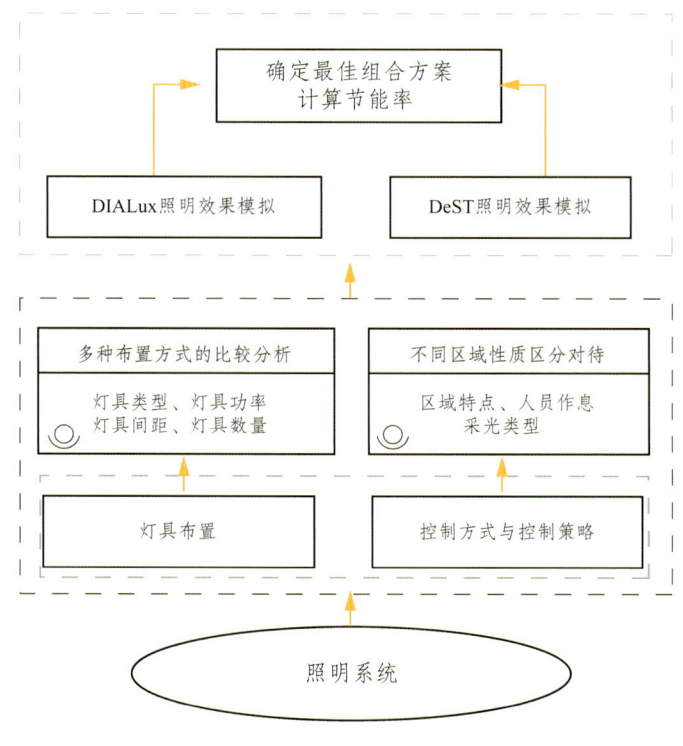

图 5-45 照明系统研究路线图

1. 灯具布置

站房候车厅面积大、灯具多、开启时间长，照明能耗占站房照明能耗比例大；塔楼每层的平面布置相同。本节将选取高铁站房中的候车厅区域，以及塔楼办公区典型层为代表，分别对其灯具性能、数量、间距等参数设计不同的安装方案，并分别对各方案的照度分布及照明功率密度进行计算，综合比较各方案的优劣，并确定最终的优化方案。

（1）候车厅。

站房候车厅面积约 4 535 m^2（见图 5-46），考虑到该区域为高大空间，并出于成本控制的考虑，因此选用光效高、显色性好的广照型金卤灯作为照明灯具。

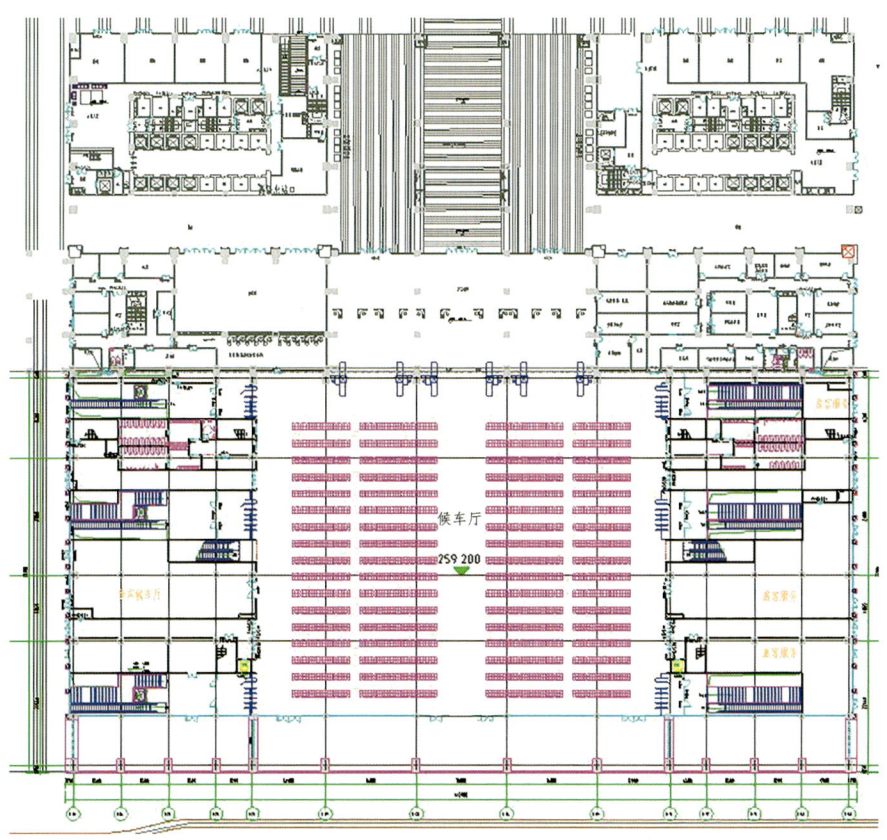

图 5-46　站房候车厅平面图

《建筑照明设计标准》（GB 50034—2004）中，交通建筑照明的相关规定如表 5-25 所示。

表 5-25 交通建筑照明功率密度限值

房间或场所		照度标准值/lx	照明功率密度限制/（W/m²）	
			现代值	目标值
候车（机、船）室	普通	150	7.0	6.0
	高档	200	9.0	8.0
中央大厅、售票大厅		200	9.0	8.0
行李认领、到达大厅、出发大厅		200	9.0	8.0
地铁站厅	普通	100	5.0	4.5
	高档	200	9.0	8.0
地铁进出站门厅	普通	150	6.5	5.5
	高档	200	9.0	8.0

以下针对不同的灯具功率和灯具间距，设置比较方案，如表 5-26 所示。

表 5-26 候车厅灯具布置方案

编号	光源类型类型	灯具功率/W	灯具间距	灯具数量/个
方案 1	金属卤化物灯	138	7 m×6.5 m	100
方案 2	金属卤化物灯	150	7 m×6.5 m	100
方案 3	金属卤化物灯	138	4.3 m×5.6 m	182

计算条件设置如下。

① 安装高度：10.5 m；计算面为地面。

② 各表面反射比：天花板为 0.75；墙壁为 0.6；地板为 0.4。

③ 维护系数取 0.7。

对上述各照明方案利用 DIALux 软件进行模拟，结果如表 5.27 和图 5.47~图 5-49 所示。

表 5-27　候车厅灯具布置方案

编　号	最大照度/lx	最小照度/lx	平均照度/lx	照明功率密度 /（W/m²）
方案 1	128	55.2	111	3.18
方案 2	245	96.5	200	3.69
方案 3	232	101	201	5.79

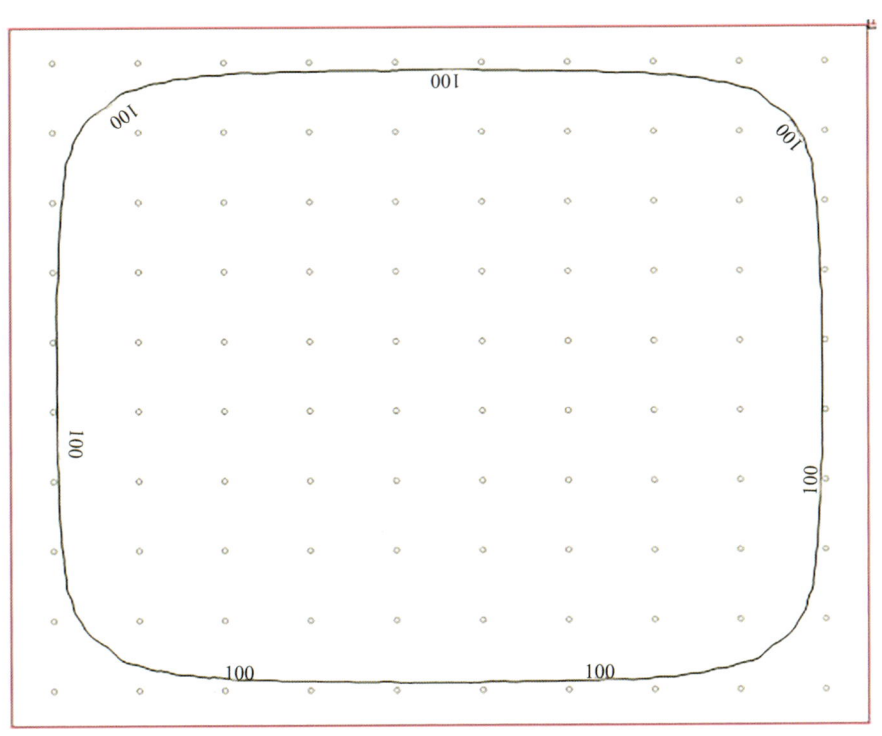

图 5-47　方案 1 照明模拟结果

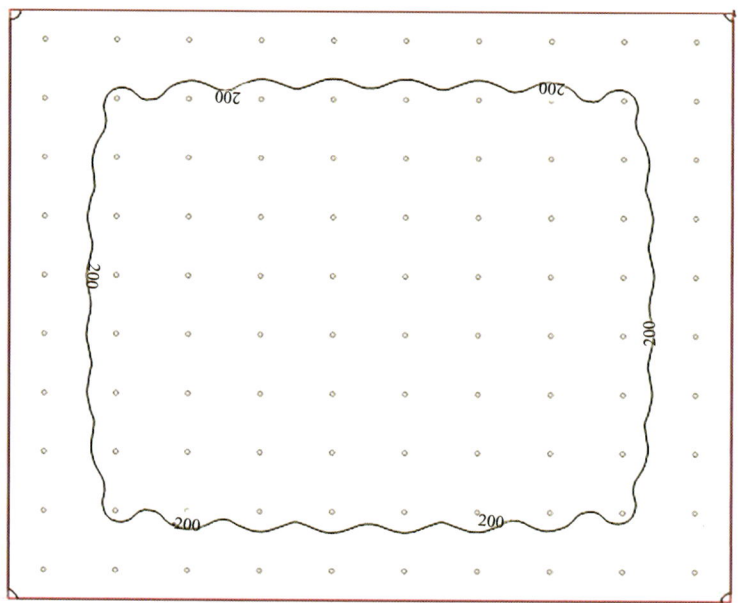

图 5-48　方案 2 照明模拟结果

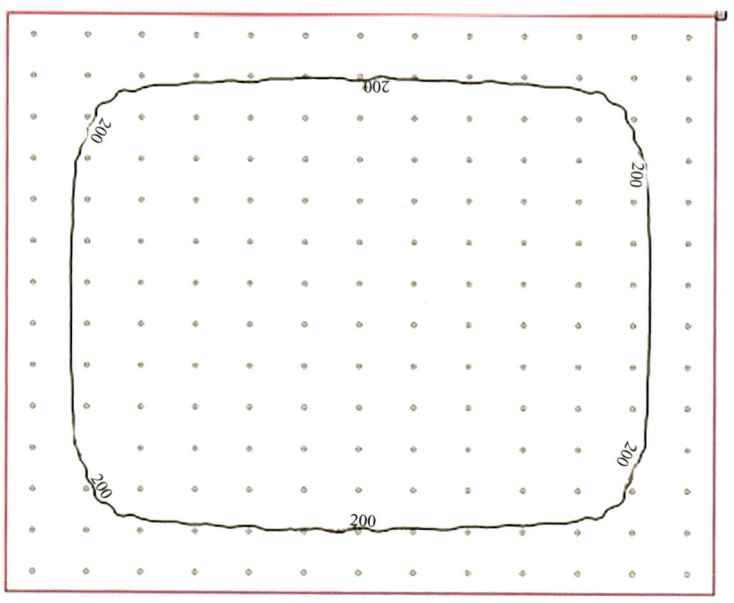

图 5-49　方案 3 照明模拟结果

通过模拟结果与照明标准的比对可知，方案 1 不能满足标准要求，方案 2 与方案 3 可满足照度要求达到 200 lx。方案 3 虽满足照度要求，但照明功率密度较高。综合比较以上 3 种方案，方案 2 不仅能够取得较好的照明效果，且更为节能，因此建议优先选择方案 2 作为候车厅的采光方案，金属卤化物灯：灯具功率 150 W，灯具间距 7 m×6.5 m，平均功率密度 3.69 W/m²。

（2）办公区典型层。

办公区典型层面积约 2 000 m²，该区域可考虑采用节能型荧光灯或 LED 灯作为照明灯具。如图 5-50 所示为办公塔楼典型层平面图。

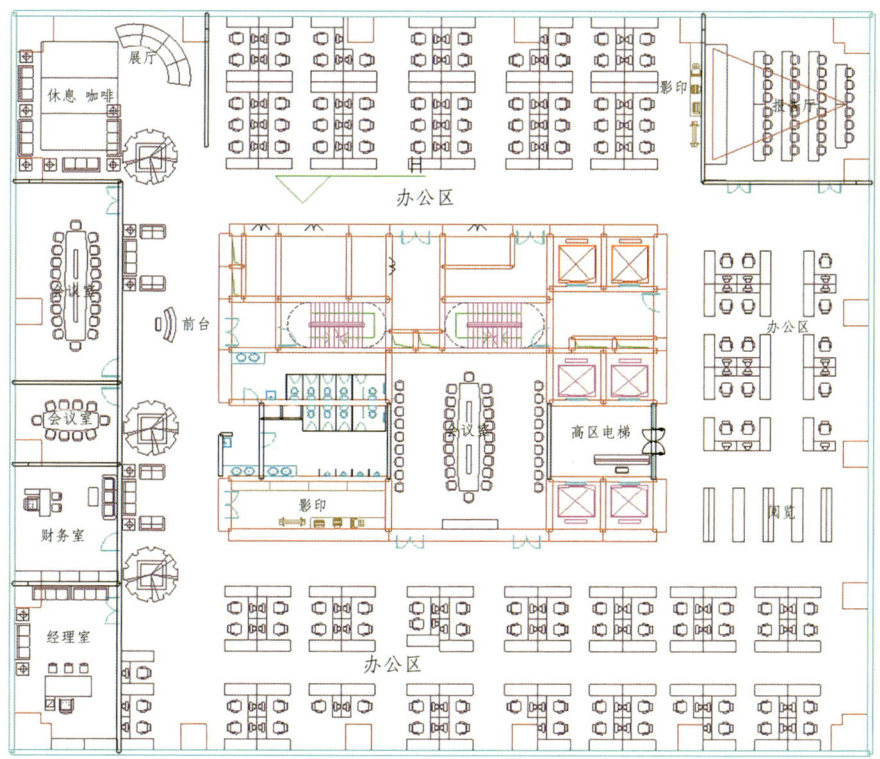

图 5-50　办公区典型层平面图

《建筑照明设计标准》(GB 50034—2004),办公建筑照明的相关规定如表 5-28 所示。

表 5-28　办公建筑照明功率密度限值

房间或场所	照度标准值/lx	照明功率密度限制/(W/m^2)	
		现行值	目标值
普通办公室	300	9.0	8.0
高档办公室、设计室	500	15.0	13.5
会议室	300	9.0	8.0
服务大厅	300	11.0	10.0

以下针对不同的灯具功率和灯具间距,设置比较方案,具体参数如表 5-29 所示。

表 5-29　办公区典型层灯具布置方案

编　号	灯具类型	灯具功率/W	灯具间距	灯具数量/个
方案 1	荧光灯	45	1.9 m×3 m	210
方案 2	荧光灯	42	1.9 m×3 m	210
方案 3	LED	38	1.9 m×3 m	210
方案 4	LED	38	2.8 m×2.5 m	143

计算条件设置如下。

① 安装高度为 2.5 m;工作面高度为 0.80 m。

② 各表面反射比:天花板为 0.7;墙壁为 0.5;地板:0.2。

③ 维护系数取 0.8。

对上述各照明方案利用 DIALux 软件进行模拟,结果如表 5-30 与图 5-51~5-54 所示。

表 5-30 办公区典型层灯具布置方案

编号	最大照度/lx	最小照度/lx	平均照度/lx	照明功率密度/（W/m²）
方案 1	517	49.3	318	5.85
方案 2	461	95.7	307	5.46
方案 3	683	141	484	5.01
方案 4	507	53.2	330	3.41

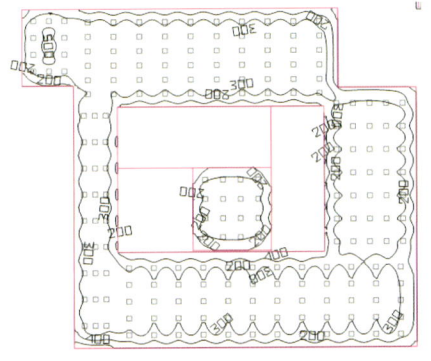

图 5-51 方案 1 照明模拟结果

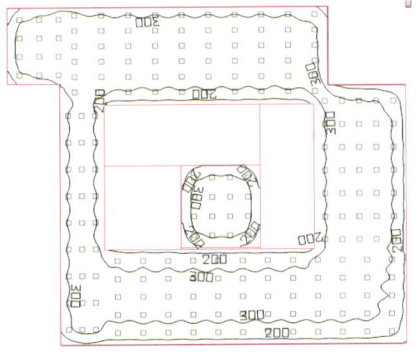

图 5-52 方案 2 照明模拟结果

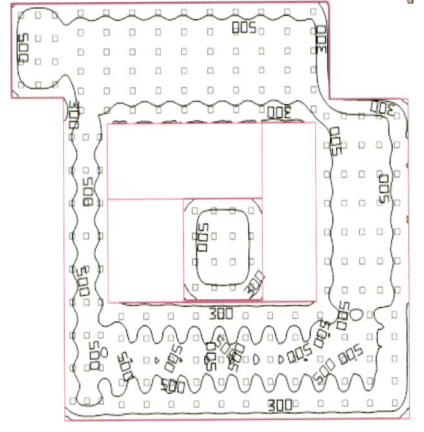

图 5-53 方案 3 照明模拟结果

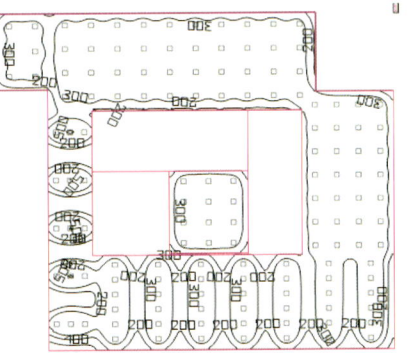

图 5-54 方案 4 照明模拟结果

通过模拟结果与照明标准的比对可知，同为采用荧光灯，方案

1 与方案 2 均可满足照度要求,但方案 2 相对节能。同为采用 LED 灯,方案 3 与方案 4 均可满足照度要求,但方案 4 更加节能,照明功率密度远低于照明设计标准中的目标值。综合考虑投资成本与能耗,建议优先选择方案 2 作为办公区的采光方案,荧光灯:灯具功率为 42 W;布置间距为 1.9×3 m;照明功率密度为 5.46 W/m²。

2．控制方式与控制策略

照明系统的控制方案主要是针对各功能区的使用特点、空间特点以及自然采光条件进行制定。考虑到站房及地下枢纽均为大空间的交通建筑,因此本节将针对站房及地下枢纽、办公区域、公寓,分别对其控制方式和控制策略进行研究。

(1)站房及地下枢纽。

站房及地下枢纽为全天使用的空间,主要室内人员为乘客,人员密度的变化与列车车次直接相关,此外,该区域均设置天窗及侧窗采光,自然采光条件较好。考虑到上述特点,确定该区域的控制方式应为分区、分级控制,具体的控制策略:

按照清晨、乘客进出高峰、上午、中午、下午、晚上、凌晨设置不同的开启模式(如分为 12.5%、25%、50%、75%、100% 五挡),对每一级控制所对应点亮的灯位进行定位,确保开启每一级照明时都有满意的效果。

设置自然采光的区域可采用照度传感器,根据外界光线变化自动打开或关闭部分照明。

(2)办公区域。

办公区域主要为白天使用,且人员在室时间规律,自然采光类型主要为侧窗采光,因此该区域的照明回路布置应把沿窗作为控制的主要方向,同时对于面积较大的办公区域,应进行合理分区,避免在室内人员较少时仍大面积开灯的状况。具体的控制策略:

靠窗区域安装光感探测器,当自然光充足,灯光自动关闭,当自然光不够充足，灯光自动开启。

利用时钟控制器和控制软件对办公区进行时序控制，如上、下班时间灯管自动开启和关闭，白天自然光充足的时段采用低亮模式（照度不能满足时可以人为切换至高亮模式）。

会议室按功能划分为主席台、观众区，并对各区灯光进行单独控制。

电梯厅及走道采用人体感应控制，当有人来时，灯光开启，人离开后灯光减弱；同时可以采用时钟控制进行配合，当夜间无人时关闭灯具。

（3）公寓。

公寓内的在室人员并无一定规律，且全天使用，因此主要依靠手动控制模式，根据室内人员的需要就地控制灯具开启/关闭，照明灯具回路可根据不同的亮度要求进行布置。

3．照明能耗计算分析

根据以上对照明灯具布置及控制策略的优化，分别对站房、地下交通枢纽及塔楼（A座）的照明能耗进行计算比较。

（1）站房。

通过上述灯具布置及控制策略的优化分析，进行多维度的照明能耗比较，对比方案参数如表 5-31 所示。

表 5-31 站房对比方案

方　案	方案内容	功率密度 /（W/m²）	控制策略
方案一	常规方案（按设计标准执行）	9.0	—
方案二	优化灯具布置	3.69	—
方案三	优化灯具布置+优化控制策略	3.69	充分利用自然采光，并根据采光情况调节灯具开启

利用 DeST 软件对站房区域全年照明能耗计算，结果如表 5-32 与图 5-55 所示。

表 5-32 候车厅照明能耗比较

	常规方案	优化灯具布置	优化灯具布置 + 优化控制策略
总能耗 /（10^4 kW·h）	35.8	14.7	13.4
单位面积能耗 /（kW·h/m²）	78.8	32.3	29.5

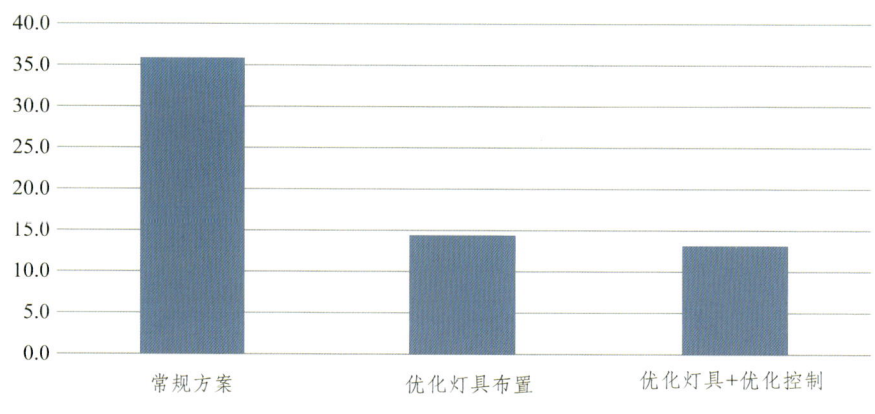

图 5-55 站房照明能耗比较

综合比较以上 3 个方案可知，第 3 种方案，即优化灯具布置 + 控制策略进行优化能耗最低，与常规方案比较，候车厅全年照明能耗减少了 49 kW·h/m²，节能率约 63%。

（2）地下交通枢纽。

地下交通枢纽所执行标准与方案比选与站台参数一致，其全年照明能耗计算结果如表 5-33 与图 5-56 所示。

表 5-33 地下交通枢纽照明能耗比较

	常规方案	优化灯具布置	优化灯具布置+优化控制策略
总能耗/（10^4 kW·h）	13.8	11.3	8.0
单位面积能耗/（kW·h/m²）	43.8	36.0	25.4

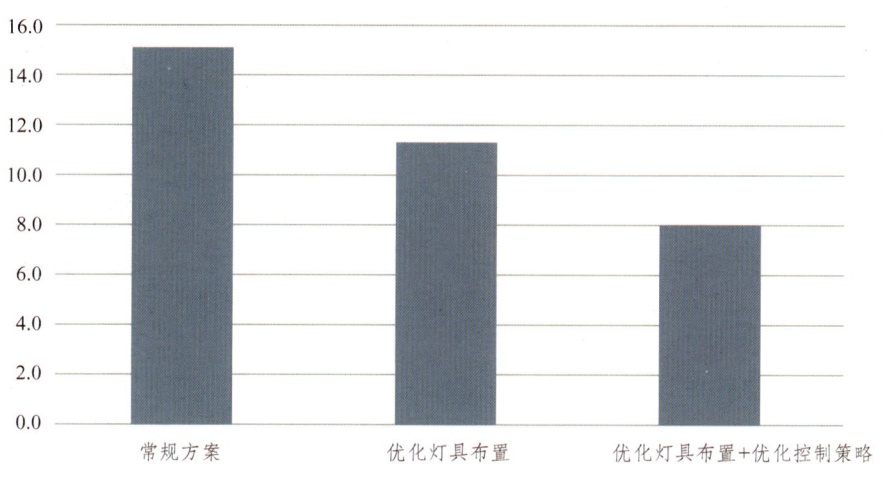

图 5-56 地下交通枢纽照明能耗比较

对灯具布置和控制策略进行优化后，地下交通枢纽全年照明能耗减少了 18 kW·h/m²，节能率约 42%。

（3）办公区域。

办公区域（以塔楼 A 为例进行计算）比选方案参数如表 5-34 所示。

对塔楼（A 座）的全年照明能耗进行计算，结果如表 5-35 与图 5-57 所示。

表 5-34 塔楼照明对比方案

编 号	方案内容	功率密度 /（W/m²）	控制策略
方案一	常规方案（按设计标准执行）	9.0/15.0	—
方案二	优化灯具布置	5.46	—
方案三	优化灯具布置+优化控制策略	5.46	充分利用自然采光，并根据采光情况调节灯具开启

表 5-35 塔楼（A座）照明能耗比较

	常规方案	优化灯具布置	优化灯具布置+优化控制策略
总能耗/（10⁴ kW·h）	10.5	6.9	6.1
单位面积能耗/（kW·h/m²）	67.6	44.0	39.2

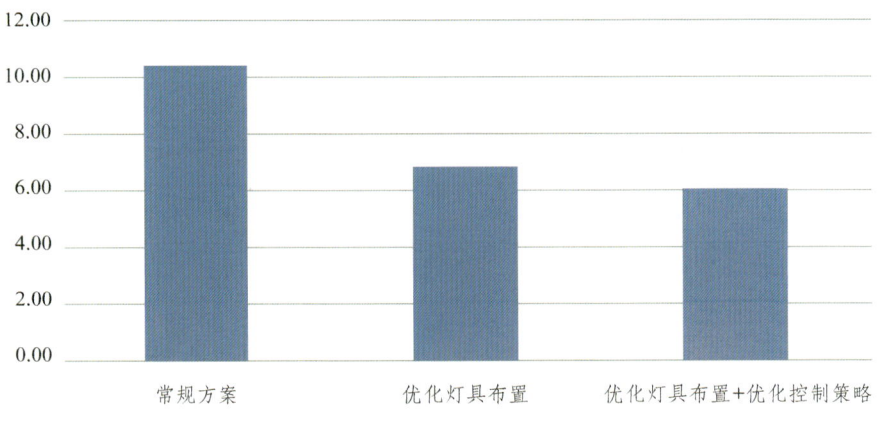

图 5-57 塔楼（A座）照明能耗比较

对灯具布置和控制策略进行优化后，塔楼（A座）全年照明能耗减少了 14 kW·h/m²，节能率约 42%。

综上，通过合理的灯具布置与控制策略的优化运行，可实现照明能耗的大幅度降低，节能率达 42%～62%。

5.3.3 楼宇能源综合监控管理系统节能研究

沙坪坝交通综合体因物业管理主体不同，这部分内容仅包含交通枢纽部分。由上述分析可知，交通枢纽的空调能耗占比很大，是节能的关键环节。因此，本节有必要对空调系统及相关的主要用能设备建立能源管控系统，从而有效地对各用能设备及系统进行分析及控制以进一步达到节能的目的。

以下方案所列设备及监控方法已包含项目中各个业态的主要耗能暖通机电设备。

1．建设目标

完成能源管理系统的建设，对电气系统能源进行一、二、三级表计安装，并采用自动化、信息化技术，对沙坪坝各类建筑能源的购入输配、消耗环节及能源计量器具实施集中动态监控和数字化管理，通过能效分析、管理、考核，实现节能降耗的管控一体化。

通过对能源管理系统的建设，达到如下目标：

（1）通过对电气系统建立分类、分级、分楼宇的计量系统，实现能源供应及消耗的实时计量，形成最基本的能耗监测数据来源；

（2）通过对用电能耗数据的纵向和横向对比，实现总量、分系统节能考评；

（3）通过以能源管控中心作为工具，实现由能耗监测、节能改造实现节能量科学、准确、客观的量化评估；

（4）通过对能耗数据的分析，制定优化的设备运行策略。

2．建设原则

（1）标准化原则。

系统设计的标准化原则包含以下内容：技术标准化、结构标准化、接口标准化、数据标准化、模块标准化。

（2）模块化、构件化设计原则。

在能源管理系统中，能源流的定值、数据采集表单的管理、统计报表的生成、用户认证授权、系统间数据交换等都可以通过相应的支撑平台软件实现，这些功能模块是构件化的，可灵活组装搭配，而不是针对某个特定流程开发设定的，应确保其易用性。

（3）安全可靠性原则。

安全性：在构建时除了防火墙、入侵监测等硬件级和系统级的安全配置外，更充分考虑应用设计的安全性，采用成熟的应用支撑软件产品更有效地保护系统的安全性。此外，可实现严格的等级操作权限和不同对象的查询范围的控制。

可靠性：要采用各种措施建造一个高可用性系统。主要措施是采用冗余设计，共享数据群集、数据备份等使系统具有高可靠性。

（4）先进性原则。

系统要与技术发展潮流相吻合，建立一个可扩展的平台，保护前期工程和后继先进技术的衔接，保证本项目能源管控系统在同类产品中的先进程度。

（5）实用性和经济性原则。

技术的先进性要与实用性、经济性相结合，综合考虑。在系统设计和建设中，要充分考虑到现有资源的延续性及将来系统升级时能够保护已有投资。

能源管控中心平台系统架构能够满足横向和纵向扩展需求，避免将来的重复投资。

（6）可扩展性原则。

系统有较好的可扩展性和包容性。能接纳已有的系统，在今后系统扩展时，有效地保护已有的投资。在应用需求变化时，能方便地调整。易于扩充升级，既能满足当前的业务需求，又为今后的扩充留有空间。提供扩展接口，用户可自行进行功能扩展。

在进行系统设计及表计选择时，充分考虑今后能源管理系统的发展需求，确保可持续需求。数据采集器留有冗余接口，为以后的拓展留出充分余地。

（7）数据统计准确原则。

计量表安装位置及数量能够准确统计各用能部门及设备的耗能情况。

确保每条支路计量信息符合分项要求。充分考虑远传表计安装位置等因素对计量准确的影响，在设计方面确保了数据统计的准确性。

3．建设方案

对于一个完整的能源管理系统，应包含对于能耗及设备运行数据的收集、分析及对设备运行策略制定的全过程功能，如图 5-58 所示为对此过程的逻辑说明。

从结构上来讲，一个完整的能源计量管控系统包括

（1）现场表具：负责对现场的水、电的基础数据进行采集。

（2）采集及通信网络：负责对表具收集到的数据进行初步的整理、编码，并上传到上层的能源管理平台。

（3）能源管控平台：主要由数据库及能源管理平台软件组成，负责对收集到的数据进行深度整理、分析，能够直观的以图、表的形式向用户展示各种能源使用情况及提供节能优化建议。

（4）现场设备监控：根据能源管理分析系统的结果，调整对现场受控设备的运行策略以实现节能的目的。

能源监测系统的整体构架如图 5-59 所示。

（1）数据采集。

为了能够保证数据分析的准确性，现场能耗采集表具的安装必须满足① 安装数量及类型满足能源分析的要求；② 表具精确性满足数据分析的要求。

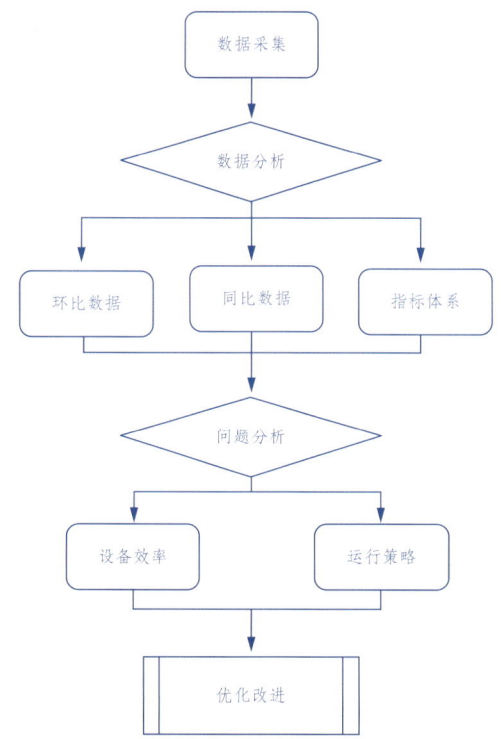

图 5-58　能源管理平台逻辑架构

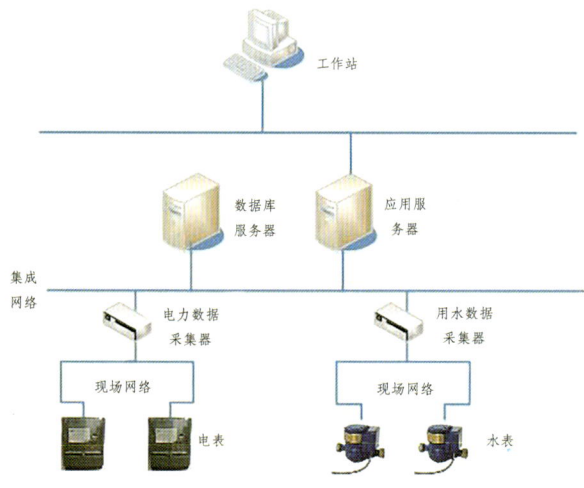

图 5-59　能源监测平台硬件架构

表具的安装应遵循三级检测原则，即

① 一级计量：建筑总用电量监测。

② 二级计量：按照用户类型对分户用电进行监测。

③ 三级计量：重要用电设备分类用电监测。

表具采集的参数及精度要求如表 5-36 所示。

表 5-36 表具采集的参数及精度

电表级别	监测参数	监测要求
一级电表	三相电压	0.2 级
	三相电流	0.2 级
	三相功率因数	0.5 级
	有功功率	0.5 级
	无功功率	0.5 级
	视在功率	0.5 级
	电度量	0.5 级
	谐波（2～19 次）	B 级
二、三级电表	三相电压	0.2 级
	三相电流	0.2 级
	三相功率因数	0.5 级
	有功功率	0.5 级
	无功功率	0.5 级
	视在功率	0.5 级
	电度量	0.5 级

（2）能源监控平台。

能源监控平台是整个能源管控系统的主脑，该平台的能源分析工具的完备是实现整个系统能源控制及分析的关键。

监控平台应至少包含监测功能、记录功能、数据分析与节能诊断功能及分析报告等。各功能具体内容如下。

① 监测功能。

a. 监测并显示各用电支路或用电设备每日、每周、每月的能耗数据，形成同比、环比分析图；

b. 监测并显示各用电支路和用电设备能耗的变化趋势、关键拐点和异常特征；

c. 监测并显示变电所低压主进线柜、母联的电流、电压、有功功率、无功功率、功率因数、谐波率、电度、开关状态；

d. 监测并显示变电所低压柜出线的电流、电压、设计安装功率、实时有功功率、无功补偿功率、功率因数、电度、开关状态；

e. 监测并显示变压器的负载率、三相绕著温度和散热风机启停状态；

f. 监测并显示主机房内 UPS 电流的输出电压、故障状态。

② 记录功能。

a. 定时统计记录各设备和支路的能耗数据，记录其功率峰值和某时段的均值，记录时间不少于 10 年；

b. 记录节能诊断结果、节能策略及其修改信息；

c. 根据能耗模型记录各分项计量能耗数据。

③ 数据分析与节能诊断（见图 5-60、图 5-61）。

a. 对记录数据具备一定的诊断功能，各低压主进线总能耗数据与各出线回路分项能耗总和的匹配性误差率不大于 5%；

b. 对比能耗数据与设备系统运行参数、气象参数等信息，分析能耗变化的规律，并由能源管理平台给出节能运行的改进建议；

c. 实现系统级节能诊断，对设备系统节能运行、节能改造措施的实际效果进行评估，并由能源管理子系统给出改造经济型分析。

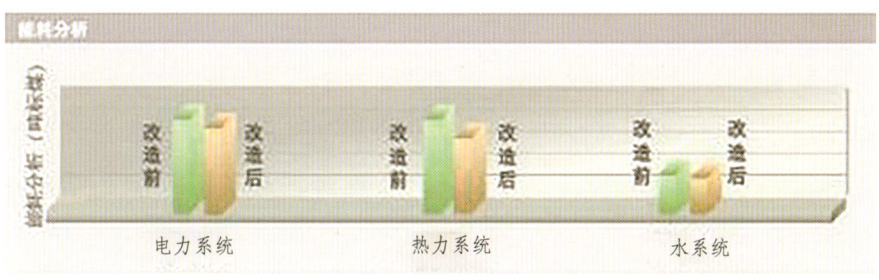

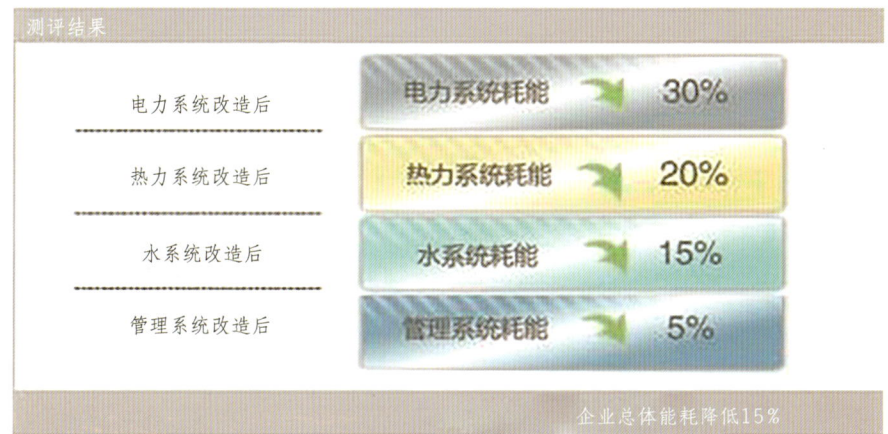

图 5-60　节能优化效果评估

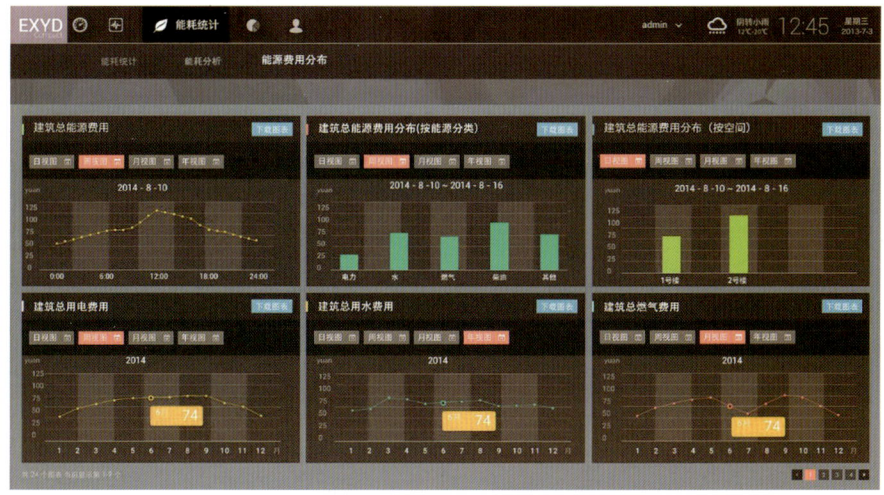

图 5-61　能耗指标体系评估

④ 分析报告。

各系统能耗分析报表齐全,根据能源管理系统数据分析整理成固定格式的报告,主要包含能效指标评测结果、能耗数据与室外温度变化关系、同比环比等内容,并由能源管理子系统提出节能优化改进建议,如图 5-62 所示。

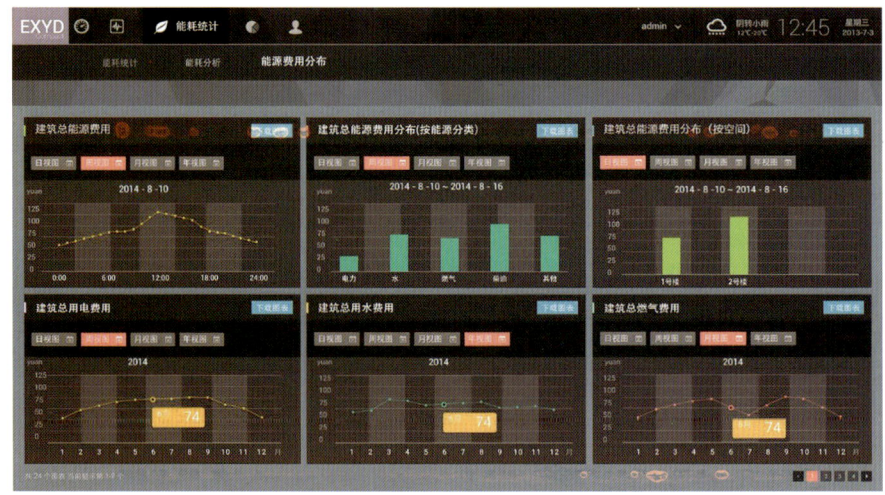

图 5-62　能耗账单

(3)现场设备监控。

根据能源管理平台的能源使用分析结果,制定合理设备运行策略,是最终实现节能的关键。所以,必须对末端主要的耗能设备(空调系统)监测点位和基本控制策略做出明确的要求。

空调系统的主要设备包括冷源、组合式空调机组、新风机组、送排风,以下对各个设备的监控要求进行详细的说明。

① 冷机群控系统。

冷机群控系统的基础功能应包括监测功能、控制功能、报警功能、记录功能、工艺控制逻辑等。

a.监测功能,如表 5-37 所示。

表 5-37　冷机群控系统网监测项

设　备	监测项
冷　机	冷水机组运行状态、故障报警状态
	冷冻水供/回水温度、冷却水供/回水温度
	冷冻水温度设定值
	运行时间、压缩机运行电流百分比、压缩机运行小时数、压缩机启动次数、蒸发温度、冷凝温度、蒸发压力、冷凝压力
冷冻水系统	冷冻水泵运行状态、故障报警、手/自动模式反馈
	冷冻水补水泵运行状态、故障报警、手/自动模式反馈
	冷冻水供回水总管温度、总管水流量反馈
	冷冻水泵进出口压力
	分集水器压力、分集水器间压差反馈
	冷冻水泵变频器频率反馈
	最不利末端供回水压差
冷却水系统	冷却水泵、冷却塔风机运行状态、故障报警、手/自动模式反馈
	冷却水供回水总管温度、总管流量反馈
	冷却水泵进出口压力反馈
	水泵、风机频率反馈
	冷却水补水泵运行状态、故障报警、手/自动模式反馈
电动蝶阀	分水器各供水支路电动蝶阀开关状态反馈
	压差旁通阀开度反馈
液位监测	膨胀水箱超高、超低水位监测
	软化水补水箱高、低水位监测
其他参数	室外干球温度、相对湿度
	计算室外湿球温度、焓值、冷站瞬时总供冷量、每小时累计供冷量

b. 控制功能，如表 5-38 所示。

表 5-38　冷机群控系统的控制项

设　备	控制项
冷水机组	启停控制、出水温度设定
冷冻水泵	水泵启停控制、变频器频率设定
冷却水泵	水泵启停控制、变频器频率设定
冷却塔	风机启停控制、变频器频率设定
电动蝶阀	分水器各供水支路电动蝶阀开关控制

c. 报警功能，如表 5-39 所示。

表 5-39　冷机群控系统的报警项

类　型	内　容
故障报警	当任何一台冷水机组、冷却塔风机、冷冻泵、冷却泵、补水泵组运行故障时，应发出故障报警
溢水缺水报警	当膨胀水箱水位超高、超低时，分别发出溢水或缺水报警

d. 记录功能，如表 5-40 所示。

表 5-40　冷机群控系统的记录项

记录内容	记录要求
冷站系统的目标参数设定值（包括冷冻水供水温度设定值，供回水总管压差设定值，冷却塔出水温度设定值，冷却水供回水温差设定值等）	记录时间间隔不超过 1 min，记录数据不少于 10 年
设备运行状态参数	
报警内容及发生时刻	

e. 工艺控制逻辑，如图 5-63 所示。

群控系统应具备自动加减冷水机组运行台数的功能，加减机逻辑可根据供水温度、冷机负载率、温降速度等因素决定；根据供回水总管的压差或者温差自动调整冷冻水泵的运行转速；根据冷却水供回水温差自动调整冷却水泵的运行转速；根据冷却塔出水温度自动调整冷却塔风机的运行台数及频率；可灵活编制时间表，冷机开关机、出水温度设定值等参数可根据时间表自动修改。

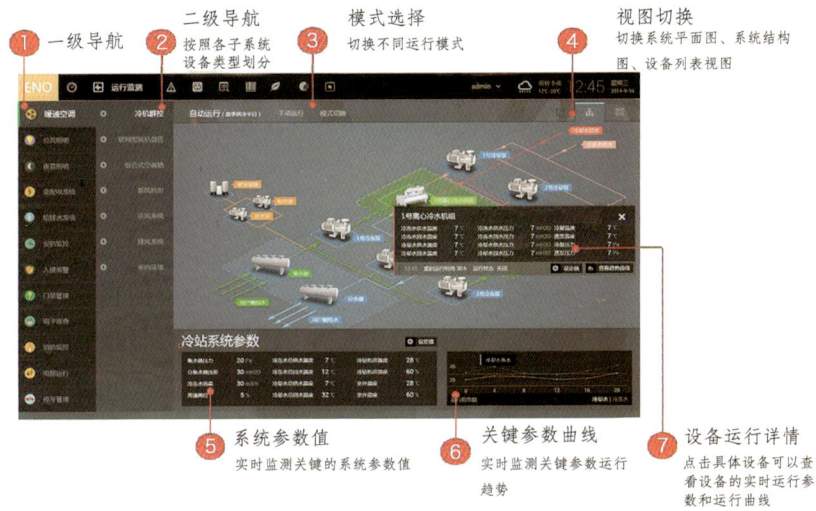

图 5-63　冷源控制示意图

② 组合式空调机组。

a. 监测功能，如表 5-41 所示。

表 5-41　空调机组监测项

监测类型	监测项
运行状态监测	运行状态、故障报警、手/自动模式
运行参数监测	送风温度、回风而温度、回风湿度、回水温度、二氧化碳浓度监测
	变频器频率监测
阀门监测	电动调节水阀阀位监测
	新风阀、回风阀开度监测
报警监测	过滤器压差报警监测
	防冻开关报警监测

b. 控制功能，如表 5-42 所示。

表 5-42　空调机组控制项

设备构件	控制项
空调机组	启停控制
变频器	变频器频率控制
阀门	电动调节水阀开度控制
	新风阀、回风阀开度控制

c. 报警功能，如表 5-43 所示。

表 5-43　空调机组报警项

类　型	内　容
故障报警	当风机运行故障时，应发出故障报警
防冻报警	空调机组加热盘管后设置防冻开关，当温度低于 4 ℃ 时，应发出防冻报警；当加热盘管回水温度低于 10 ℃ 时，应发出防冻报警

d. 记录功能，如表 5-44 所示。

表 5-44　空调机组记录项

记录内容	记录要求
空调机组目标参数设定值（包括送风温度设定值、回风温度设定值、二氧化碳浓度设定值等）	记录时间间隔不超过 15 min，记录数据不少于 5 年
设备运行状态参数（包括风机运行状态、频率、送风温度、回风温度、回风湿度、二氧化碳浓度、回水温度等）	
各类报警内容及发生时刻	

e. 工艺控制逻辑，如图 5-64 所示。

根据机组送风温度与设定值偏差以 PID 方式自动调节空调水阀开度；过渡季通风工况时，水阀关闭；根据机组回风温度与设定值偏差以 PID 方式自动调节送风机转速；过渡季根据由新、回风的混风比对送风温度进行控制；制冷季根据室内二氧化碳浓度自动调节新风阀、回风阀开度；可灵活编制时间表，风机开关机时间可根据时间表自动控制。

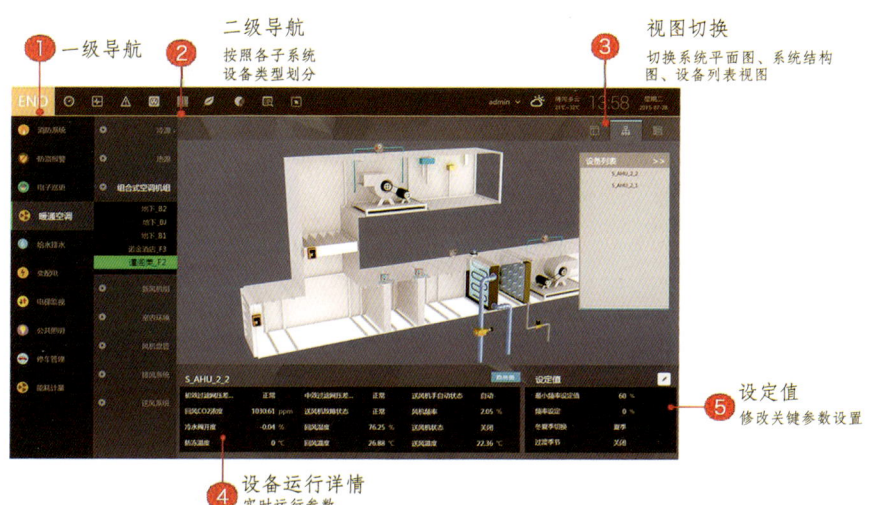

图 5-64　空调机组控制示意图

③ 新风机组。

a. 监测功能，如表 5-45 所示。

表 5-45　新风机组监测项

监测类型	监测项
运行状态监测	运行状态、故障报警、手/自动模式
运行参数监测	送风温度、回水温度
阀门监测	电动调节水阀阀位监测
	新风阀阀位反馈
报警监测	过滤器压差报警监测

b. 控制功能，如表 5-46 所示。

表 5-46　新风机组控制项

设备构件	控制项
新风机组	启停控制
阀门	电动调节水阀开度控制
	新风阀开度控制

c. 报警功能，如表 5-47 所示。

表 5-47　新风机组报警项

类　型	内　　容
故障报警	当风机运行故障时，应发出故障报警
防冻报警	新风机组加热盘管后设置防冻开关，当温度低于 4 ℃ 时，应发出防冻报警；当加热盘管回水温度低于 10 ℃ 时，应发出防冻报警

d. 记录功能，如表 5-48 所示。

表 5-48　新风机组记录项

记录内容	记录要求
新风机组目标参数设定值（包括送风温度设定值、二氧化碳浓度设定值等）	记录时间间隔不超过 15 min，记录数据不少于 5 年
设备运行状态参数（包括运行状态、送风温度、回水温度等）	
各类报警内容及发生时刻	

e. 工艺控制逻辑。

据送风温度设定值调节水阀开度；根据室内二氧化碳浓度调节新风阀开度；可灵活编制时间表，风机开关机时间可根据时间表自动控制。

④ 送排风机。

送排风机监控功能相对简单，各功能具体内容如表 5-49 所示。

表 5-49 送排风机功能项

监控功能	相关内容
监测功能	监测送风机、排风机运行状态、故障报警及手自动模式
控制功能	控制送风机、排风机的启停
报警功能	当风机运行故障时，发出故障报警
记录功能	应记录上述各项故障报警的内容和发生时刻； 应记录各区域风机启停状态； 记录间隔 15 min，记录数据不少于 5 年
工艺控制逻辑	地下车库的送排风机应根据一氧化碳浓度与设定偏差值自动启停送风机、排风机； 其他区域（不包含地下车库）应根据二氧化碳浓度与设定偏差值自动启停送风机、排风机； 可灵活编制时间表，风机开关机时间可根据时间表自动控制

5.3.4 小　结

本节对综合交通枢纽站房、办公、公寓等不同区域的照明灯具类型、灯具布置、控制策略等方案进行了优化设计，其具体节能率为

（1）对于站房及具有自然采光条件的地下一层区域，在自然采光研究成果的基础上，该区域全年节能率可达 63%；

（2）对于不具有自然采光条件的其他区域，该区域全年节能率可达 42%。

（3）考虑到可利用自然采光的区域面积为 22 300 m^2，不具有自然采光利用条件的区域面积为 285 300 m^2，按照面积加权，计算得到交通枢纽照明系统最终的节能率为 44%。

此外，本节对楼宇能源综合监控管理系统提出具体要求，从而确保在建筑实际运行过程中可以实现预期的节能效果。

5.4 给排水专题研究

5.4.1 给排水普遍存在的问题及解决方案

我国人口众多,随着城镇化的发展,用于建设的土地资源正在逐步减少,高层建筑甚至是超高层建筑将是未来建筑的主要趋势,主要原因是这类建筑实现了用尽可能少的占地面积来承载更多人工作、生活的目的,解决了当今城市人口密集和用地紧张的矛盾,是城市应对建筑面积减少的一种解决方案。超高层/高层建筑由于层数多、高度大、用水要求高,建筑给水系统的能耗增大,而其中用于给水提升和输送的能耗总量迅速增大,占了很大的比例,使得建筑给水的节能问题不容忽略。

另外,随着城市建筑业突飞猛进的发展,在城市的总用水量中,建筑内部用水占据的比例逐年增加,因此,越来越多的建筑利用非传统水源来解决用水资源紧缺的问题。

下面将对超高层/高层建筑给水系统存在的问题及其解决途径进行研究,同时对建筑非传统水源的利用方案进行研究。

1. 给水系统

合理的建筑给水系统设计,应该既满足用户对水质、水量、水压的要求,确保安全供水,又达到节水节能的要求。如何有效提高超高层、高层建筑给水系统能量利用率,减少无效能耗,成为了超高层、高层建筑给水设计的重点和难点。目前给水系统常见的问题:

(1)超压出流。

为保证给水的全局性,我们要求在满足用户的用水要求的前提下,使水获得足够的压力输送至整个建筑的用水的最不利配送处。但用水点常常静水压大于流出水头、流量大于额定流量,这种现象即为"超压出流",它不仅需要水泵提供超额的水压浪费过多的电耗，而且对用户用水产生严重影响，由于压力过大而流出的水也造成资源的浪费。

（2）不合理的给水方式。供水方法的正确选择直接影响了供水方式的使用效果和工程造价，是高层建筑给水排水系统设计的重点。影响给水方式的因素有许多，主要有输送的稳定性、水中化学性质的稳定、节能降耗、运行的成本、系统初投资等。建筑不合理的给水方式不仅浪费了市政供水管网的水头，而且还增大了给水系统的运行能耗。

（3）给水分区不当。在给超高层、高层供水时，若分区少，分区内的低区超压就比较严重，但系统的升压设施少，供水管网简单，给水系统的初期投资建设费用较少；若纵向的分区划分细密，那么在各个区域内相对较低的楼层中出现超压出流的情况会大大降低，其他方面的损失也会减少，但系统的升压设备会比较分散，且供水管网也会增加，给水系统的初期投资建设费用相对提高。因此，在进行系统设计时应综合考虑初期投资和节能、节水因素确定分区方案。

（4）水泵的选择。不合理的水泵机组选型会严重浪费成本，因为为了保持水泵机组的工作效率，给水系统 70%~85% 的电能被浪费。在实际设计过程中，考虑到供水的安全性，设计师常会按照给水排水规范选用相对安全的用水量，从而使得所选的水泵流量比实际的流量大，这样会导致超压出流，浪费水资源、能耗。

针对以上给水系统存在的问题，解决对策主要如下。

（1）充分考虑市政余压。

目前，我国城市自来水管的压力在非高峰用水时，一般市政给水管网压力均在 0.15~0.35 MPa，此压力值能满足低层建筑的给水要求，但满足不了高层建筑的需要。充分利用室外市政管网水压，直接对建筑低区供水，也可利用市政余压以降低高区水泵的扬程。

（2）合理确定给水系统的垂直分区。

超高层、高层建筑给水系统垂直分区的目的是① 保证给水设备和卫生器具的正常使用，避免压力过高，出现不必要的能量浪费；

②同时避免卫生器具供水大大超过额定流量，造成水量浪费。分区压力过高，不仅使卫生器具出水过猛，而且在启闭卫生器具时易产生水击，甚至使管件破裂、卫生器具部件损坏，增加维修量。所以在设计时，垂直分区压力值一定要适宜。一般每 10~12 层为一区，分区后可以使供水的能量消耗有效减少，且方便管网的维护和管理。

（3）生活给水管道中采用减压节流。

《建筑给排水设计规范》（GB 50015—2003）（2009 年版）3.3.4 规定卫生器具给水配件承受的最大工作压力，不得大于 0.6 MPa。同时，3.3.5 规定高层建筑生活给水系统，竖向分区的各分区最低卫生器具配水点处的静水压力不宜大于 450 kPa。由于竖向分区的最大水压不是卫生器具正常使用的最佳水压，卫生器具的最佳使用水压宜为 20~30 kPa，各分区顶层住宅入户管的进口水压不宜小于 0.10 MPa。而对于水压大于 0.35 MPa 的入户管，宜设减压或调压措施，以避免水压过高或过低给用水带来不便。另外，《住宅建筑规范》（GB 50368—2005）规定生活给水系统套内分户用水点的给水压力不应小于 50 kPa，入户管的给水压力不应大于 350 kPa。因此，当水压过大时应安装减压孔板、压力调节阀或减压阀来避免部分供水点超压问题，为用户提供适宜的服务水头，使得竖向分区的水压分布更加均匀，避免造成浪费。

（4）合理选择给水方式。

分区原则确定后，如何经济合理地选择给水系统方案，也是给水系统节能重要环节。在设计时应当结合高层建筑的具体性质、功能区分分布，分析常见给水方式，从市政条件、设备情况、施工技术力量、管理水平等实际情况出发，结合不同给水方式的能耗比较，合理选择给水方式。对于高层建筑或超高层建筑，可利用部分避难层设置转输生活水箱，再由避难层的生活水泵提升供给超高区。

（5）合理设计水泵运行参数。

水泵的能耗直接影响整个高层建筑给水系统的能耗情况。水泵能耗的合理性主要取决于 3 方面：水泵设定的流量和扬程否合理、水泵效率是否高效、水泵的搭配是否合理。因此，降低水泵能耗可通过合理地设计水泵的供水流量和扬程、优化水泵控制策略来提高水泵的运行效率等方式来实现。在给水系统中选用高效节能的变速水泵，通过合理设定水泵参数优化控制策略可避免恒速泵给水系统中水泵始终按最不利工况运行所引起的水量电能浪费问题。

2．非传统水源利用的方案研究

目前，城市生活用水一般占城市总用水量的 40% 左右，它包括居民生活用水和公共用水两部分。因此，建筑节水是贯彻实施节水措施的重要环节，非传统水源的有效回收利用是解决部分城市水资源短缺问题的一个有效方法，为水资源长期可持续发展提供了一个有效途径。

建筑项目中可以利用的非传统水源主要有雨水、建筑中水、海水和冷凝水这 4 类，目前较为成熟的是雨水和建筑中水再利用。

（1）雨水回收利用。

开发利用雨水资源，一方面可以减轻雨水在降落及径流过程中携带的污染物质对受纳水体的污染，减轻城市排水设施负担，避免暴雨时发生洪涝灾害；另一方面也可以促进雨水向地下水供给，有利于解决部分区域地面地下水位下降问题；同时还可作为园区的绿化、道路浇洒等杂用水以节约大量的自来水。

雨水回收利用需综合考虑项目周边可利用资源情况及项目总体规划情况，收集建筑屋面雨水，经处理后回用于建筑景观用水、绿化灌溉和道路冲洗等，如图 5-65 所示。一般雨水回收利用按如下步骤确定方案。

① 分析项目所在地雨水利用基础资料。对项目及其所在地多年的降雨情况、蒸发情况、可回收雨水场地条件等进行分析，并对项目的各项用水特点进行分析。

② 水量平衡分析。雨水回用一般用于绿化灌溉、道路浇洒、地库冲洗及景观水体补水等。需对项目中建筑景观水体补水、绿化灌溉和道路冲洗、车库冲洗等的用水需求量进行分析；再计算雨水可收集量，对两部分水量进行平衡分析。

③ 雨水回收利用系统设计。根据以上雨水需水量和可收集量分析，计算雨水处理设施规模；根据雨水水质相关标准，结合项目实际情况，确定雨水源水收集范围、雨水回收利用系统工艺及布置、水质控制、主要设备选型。

④ 效益分析。经济效益包括直接效益和间接效益两部分。直接效益为雨水利用节约的水费。间接效益包括消除污染而减少的社会损失和节省城市排水设施的运行费用两部分。

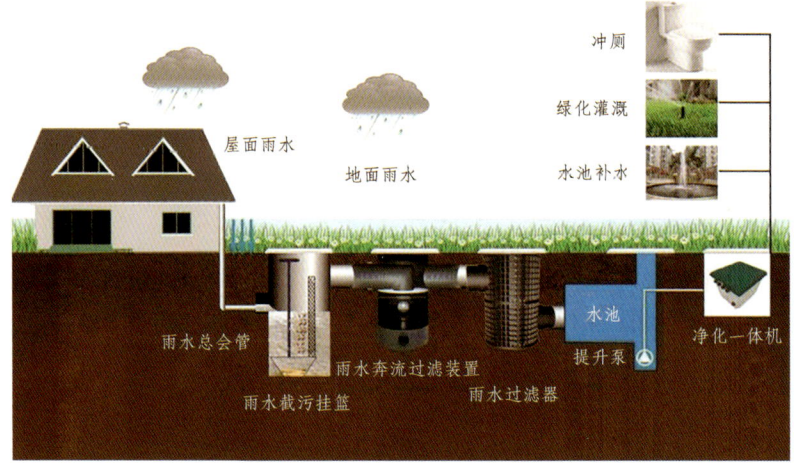

图 5-65　雨水回用系统处理流程

（2）中水回收利用。

中水也就是将人们在生活和生产中用过的优质杂排水（如冷却排水、泳池排水、沐浴排水、盥洗排水、洗衣排水等，不含粪便和厨房排水）、杂排水（不含粪便污水）以及生活污（废）水经集流再生处理达到规定的水质标准，可充当地面清洁、浇花、洗车、空调冷却、冲洗便器、消防等不与人体直接接触的杂用水。因为它的水质指标低于生活饮用水的水质标准，但又高于允许排放的污水的水质标准，处于两者之间，所以叫作"中水"。

一般中水回收利用确定方案的步骤与雨水回收利用的相似：

① 建筑中水的水源及用途。摸清建筑给排水系统的整体结构特点，确定排水系统中产生优质杂排水的区域、可利用中水的系统。

② 水量平衡分析。对建筑中优质杂排水量、中水用水量进行计算，并对这两部分用水进行平衡分析。

③ 中水回收利用系统设计。以上用水计算，根据水质相关标准，结合项目实际情况，确定中水处理方法及系统工艺设计。

④ 经济分析。

5.4.2　超高层建筑给水方式节能研究

通过对同类工程及文献的调研，了解到超高层建筑采用的给水方式并不统一，无法直接参照既有成果直接应用。因此，本项目将基于交通枢纽上盖商业综合体的塔楼建筑自身特点完成超高层塔楼生活用水给水方式的优化研究。

沙坪坝交通枢纽综合体有多栋不同业态的超高层建筑，常见超高层建筑给水方式包括重力给水、恒压变频给水、重力和恒压变频组合给水多种方式，而在垂直系统分区上又有很多选择，如何选择适用于本项目的优化生活给水方式是设计重点。这里利用建筑能耗模拟软件 DeST，对不同给水方式和分区方案进行生活给水系统全年能耗模拟计算，并结合不同方案的投资分析，综合运行能耗与投资的经济性确定项目的最佳给水方式，也为其他超高层建筑给水系统的方案选择和优化设计提供借鉴。

交通枢纽综合体塔楼数量多，共有 6 座，具体信息如表 5-50 所示。按建筑功能不同选择具有代表性的 A、B 楼展开优化分析，其中，以 A 楼为主要研究对象展开，研究路线如图 5-66 所示。

表 5-50 超高层建筑的基本信息汇总

建筑编号	A	B	C	D	E
建筑名称	双子座A	双子座B	成铁办公楼	五星酒店	A楼
建筑功能	办公	公寓式办公	办公	酒店	公寓式办公
楼高/m	201	201	137	119	174
地上总层数	46	49	32	28	44
供水范围	塔楼				
供水楼层数	35	38	22	19	34
具体供水区域	8~45	8~48	8~31	7~27	8~43
避难层数量	3	3	2	2	3
每层面积/m²	1 900	1 900	1 500	1 500	1 500
每层Ng当量	16.25	64.5	14	40.75	50.25

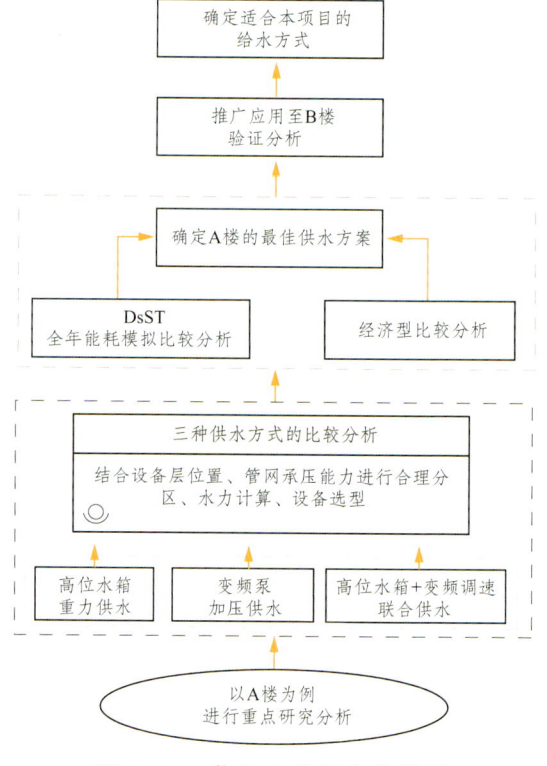

图 5-66 供水方式研究路线图

1. 确定方案

A 楼 7 层为塔楼大堂，无用水点，因此实际供水范围为 8F～45F，其用水点均位于中心筒。另外，10 层、22 层、34 层为设备层，屋顶设置有机房，这些区域均可考虑放置给水系统的设备。每标准层的用水器具包括马桶、洗手盆、小便池、拖布盆等，总 Ng 当量如表 5-49 所示。

结合设备层位置、管网承压情况，进行合理垂直分区、水力计算及设备选型，形成优化研究的备选方案。备选方案、垂直分区及其水泵规格分别如表 5-51、表 5-52 所示。

表 5-51 优化研究的备选方案（浅蓝底色编号为工频泵，深蓝底色编号为变频泵）

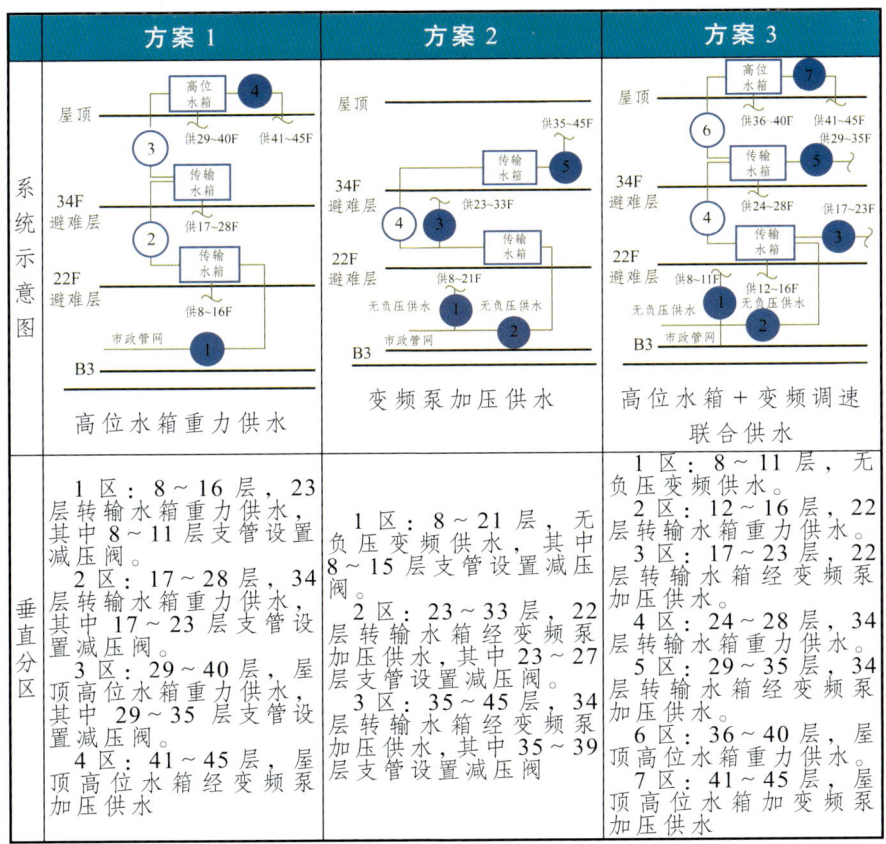

表 5-52 3 种备选方案水泵规格（编号与上表对应）

编　号	水泵规格
方案 1	1：无负压供水设备，25 m^3/h，86 mH_2O，15 kW，0.65。 2：工频泵，20 m^3/h，60 mH_2O，7.5 kW，0.62。 3：工频泵，12 m^3/h，60 mH_2O，4.0 kW，0.56。 4：变频泵，11 m^3/h，30 mH_2O，2.2 kW，0.54
方案 2	1：无负压供水设备，17 m^3/h，82 mH_2O，15 kW，0.62。 2：无负压供水设备，16 m^3/h，86 mH_2O，15 kW，0.61。 3：变频泵，16 m^3/h，80 mH_2O，15 kW，0.61。 4：工频泵，8 m^3/h，60 mH_2O，7.5 kW，0.55。 5：变频泵，16 m^3/h，80 mH_2O，15 kW，0.61
方案 3	1：无负压供水设备，8 m^3/h，42 mH_2O，2.2 kW，0.52。 2：无负压供水设备，23 m^3/h，86 mH_2O，15 kW，0.64。 3：变频泵，12 m^3/h，40 mH_2O，3 kW，0.56。 4：工频泵，15 m^3/h，60 mH_2O，11 kW，0.60。 5：变频泵，12 m^3/h，40 mH_2O，3 kW，0.56。 6：工频泵，8 m^3/h，60 mH_2O，7.5 kW，0.55。 7：变频泵，11 m^3/h，30 mH_2O，2.2 kW，0.54

2．全年能耗模拟计算

生活给水系统的运行工况与设计工况往往不同，用设计工况的能耗直接对备选方案进行评价太过于片面，而采用全年运行能耗进行比较更合理、科学。

本项目利用 DeST 对已有给水方案计算能耗，输入日均供水量、用水作息计算出小时用水量、水泵是否变频及水泵具体规格等影响因素，得出各方案的全年逐时能耗。计算结果如表 5-53 和图 5-67、图 5-68 所示。

表 5-53 备选方案的模拟计算结果

方案对比	方案 1 高位水箱供水	方案 2 变频加压供水	方案 3 高位水箱 + 变频泵联合供水
全年能耗 /（10^4 kW·h·a）	4.22	4.45	4.14

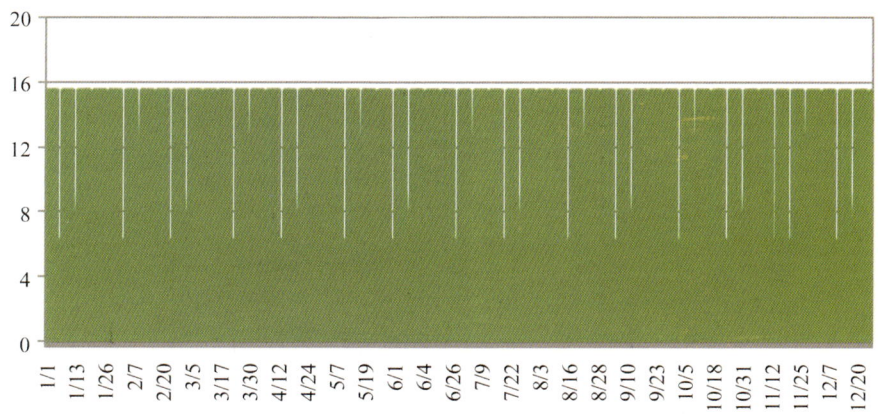

图 5-67　方案 1 全年逐时动态电耗（单位：kW·h）

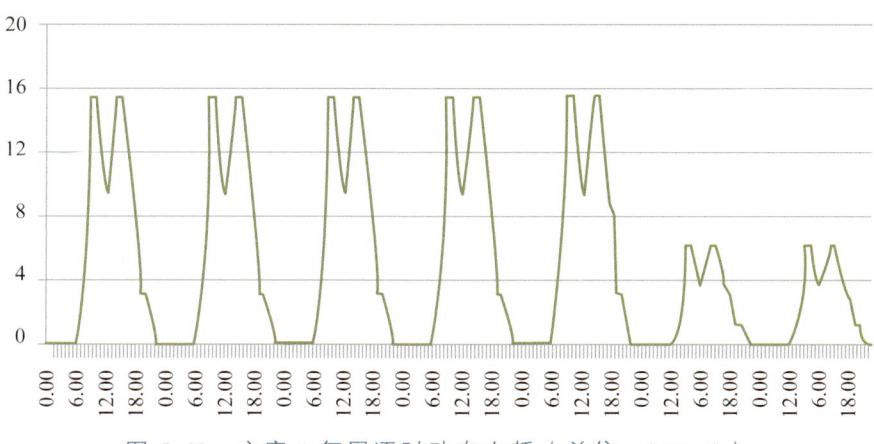

图 5-68　方案 1 每周逐时动态电耗（单位：kW·h）

从计算结果中可知，方案 3 采用高位水箱变频泵组合供水，系统进行精细垂直分区无超压点，不存在能耗浪费环节，能耗最低；方案 1 采用高位水箱供水，部分楼层超压，能耗略高于方案 3；方案 2 采用变频泵加压供水，系统内超压楼层数最多，能耗最大。但总体而言，3 个备选方案的能耗相差不大。

3．经济性分析

由于具体给水方式的不同，系统部分部件会随之发生变化，如各干立管管材、水泵、水箱、减压阀及相应的人工费。而系统各层的配水点支管、建筑室外管网等部分的成本及人工费则不变。在经济性分析时仅针对以上发生变化的部分 3 个备选方案的成本概算和经济性分析具体如表 5-54 所示。

表 5-54　3 个备选方案的成本概算及经济性分析

单位：万元

	方案 1	方案 2	方案 3	费用分析
管材	2.51	2.15	2.62	方案 2 管网简单、管材总长度最短、管径总体较大，费用最低；方案 3 管网较复杂、总长度最长、部分管径较小，但综合下来方案 3 费用最高
水箱	5.24	2.22	4.23	方案 1 将所有用水先提升高处再供水，水箱总规格最大，费用最高；方案 2 由位于总泵房的水泵直接加压部分用水至低区，只需提升其余用水至高处供水，因此费用最低
减压阀	0.3	0.34	—	方案 2 管网超压的配水点最多，费用最高，方案 3 无超压，无该项费用
水泵	10.93	26.66	19.82	方案 1 泵组少，且多数为工频泵，费用低；方案 2 泵组较多，且多为大功率变频泵，费用最高
人工费	10.74	16.76	14.65	人工费与系统的管路布置、设备（如水箱的规格、水泵的功率及是否变频、减压阀个数）相关。综合计算下来方案 2 人工费最高，方案 3 次之，方案 1 最低
总费用	29.72	48.13	41.32	综合各项费用后，方案 2 最高，方案 3 次之，方案 1 最小

综上，A 楼充分利用市政管网余压并综合考虑设备层位置和管网承压情况进行垂直系统分区和设备选型，确定了高位水箱供水、变频泵加压供水及高位水箱结合变频泵联合供水 3 种备选给水方案，利用 DeST 进行全年动态能耗计算可知各方案能耗相差不大，而经济性分析显示高位水箱供水的方案成本投入最低、变频水泵加

压供水的成本最高，另外，从系统的机房布置、运行维护及管理等方面综合考虑高位水箱供水方式具有明显优势。因此，高位水箱供水为 A 楼的最佳给水方案。

（1）B 楼给水方式的应用分析。

B 楼为公寓式办公楼［取用水定额为 300 L/（人·班）］，建筑整体结构和 A 楼相似，有 3 个机电设备层，亦采用中心筒结构，不同的是将中心筒四周区域分隔成 28 个单间，每个单间均设有多个用水点。

将 A 楼的优化研究方法应用于 B 楼，其能耗计算及成本概算结果如表 5-55 所示。相比于 A 楼，3 个备选方案的能耗、成本均增大，但各方案之间能耗相差不多，成本概算中管材、减压阀费用占比也有所提高，从经济性、机房布置、系统管理、运维的角度综合比较后确定 B 楼采用高位水箱供水最合理。

表 5-55　B 楼 3 种备选方案的能耗计算和成本概算

	方案 1	方案 2	方案 3
能耗/（10^4 kW·h·a）	9.71	10.3	9.64
管材/万元	20.82	16.02	21.77
水箱/万元	11.62	5.04	9.24
减压阀/万元	10.44	13.34	—
水泵/万元	15.85	36.90	29.87
人工费/万元	39.78	43.66	41.33
总费用/万元	98.51	114.97	102.20

（2）总结。

A 楼、B 楼均为交通枢纽综合体的超高层塔楼，均为中心筒结构，间隔一定层数设有设备层，功能分别为普通办公和公寓式办公。基于 3 种常见给水方式，充分利用市政管网余压及建筑结构特点、管网承压要求确定具体备选方案，通过能耗模拟发现 3 种备选方案的能耗相差不大；通过成本概算得知高位水箱供水的成本投入最低。因此，从经济、机房布置、系统运维及管理的角度综合分析后确定高位水箱供水为优化方案。项目其他塔楼的特点和 A 楼、B 楼相似，可直接采用高位水箱供水的给水方案。该方案也可应用于具有相同特点的建筑中，而且，本文的研究方法也为其他类型建筑给水方案优化研究提供参考。

5.4.3 非传统水源利用

重庆市多年人均水资源占有量仅为 1 705 m³，只有全国平均水平的 3/4，世界人均水平的 1/5 左右，在我国属中度缺水城市。目前重庆已批准为"海绵城市"首批试点名单，因此雨水收集利用具有重要意义。调研显示重庆市降水丰沛，多年平均降水量在 1 200 mm 左右，同时蒸发量远小于降雨量，非常适合建立雨水收集利用系统。

本着可持续发展的思路，具体工作中将基于《绿色建筑评价标准》评分规则开展非传统水资源利用的节能研究，结合收集范围、水量分析、经济性分析等因素，研究经济适用的系统设计方案。

标准中非传统水源利用的评分规则如表 5-56 所示。

表 5-56 非传统水源利用率评分规则

建筑类型	非传统水源利用率		非传统水源利用措施				得分
	有市政再生水供应	无市政再生水供应	室内冲厕	室外绿化灌溉	道路浇洒	洗车用水	
办公	10.0%	—	—	●	●	●	5 分
	—	8.0%	—	○	—	—	10 分
	50.0%	10.0%	●	●○	●○	●○	15 分
商店	3.0%	—	—	●	●	—	2 分
	—	2.5%	—	○	—	—	10 分
	50.0%	3.0%	●	●	●	—	15 分
旅馆	2.0%	—	—	●	●	●	2 分
	—	1.0%	—	○	—	—	10 分
	12.0%	2.0%	●	●	●	●	15 分

注："●"为有市政再生水供应时的要求；"○"为无市政再生水供应时的要求。

由绿建评分标准及得分难易程度，可知采用非传统水源利用措施来评价较为简单可行。其利用措施得分情况可分为两种，仅用于室外绿化灌溉与用于室外绿化灌溉、道路浇洒及洗车用水等。本项目将基于此背景下进行用水量的校核与经济分析。总研究路线如图5-69 所示。

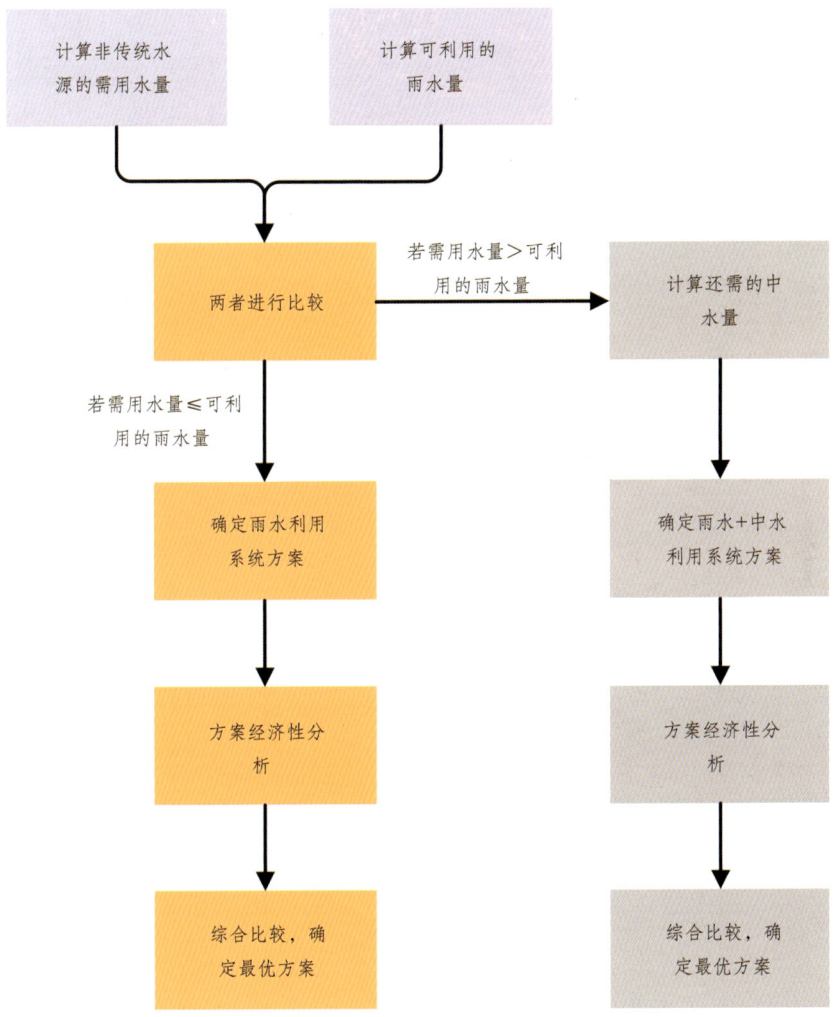

图 5-69　非传统水源利用的研究路线图

1．用水量计算

非传统水源的利用方案如表 5-57 所示。

表 5-57　两种非传统水源的利用方案

	方案 1	方案 2
用　　途	室外绿化灌溉	绿化灌溉、道路浇洒及洗车用水

根据《民用建筑节水设计标准》及设计规划等相关文件，可逐个求出各利用途径所需用水量，具体结果如表 5-58 所示。

表 5-58　非传统水源的年总需用水量统计

用水单项	方案 1/m³		方案 2/m³	
	每年	每天	每年	每天
绿化用水	547.8	4.9	547.8	4.9
道路用水/（m³/a）	—	—	490.3	16.3
洗车用水/（m³/a）	—	—	9 052.2	24.8
总计/（m³/a）	547.8	4.9	10 090.3	46

2．可回收水量

本项目可利用非传统水源包括雨水和中水，雨水相对于中水是既经济又实用的水资源开发方式，因此，在两种非传统水源同时存在时，应优先进行雨水回收利用。

根据雨水源的不同，雨水又可分为屋顶雨水与地面雨水两类。鉴于屋顶雨水相对干净，处理程序简单，优先利用屋顶雨水。

具体工作流程：首先计算屋顶雨水可回收量，与上文中的两个非传统水源方案的需用水量进行水量平衡分析，若满足需求，就可确定雨水收集范围；若不满足需求，则需逐步扩大范围对场地雨水进行回收，还不满足，则应增加中水利用系统。

通过对重庆地区气象分布及降水量的调研，结合屋顶建筑面积，对整个项目的屋顶雨水进行回收,收集雨水量为 23 486 m³/a,远大于两种非传统水源利用方案的需用水量。因此,可以确定以下内容:

(1)本项目的非传统水源为屋顶雨水即可满足两个方案的需求,不需扩大雨水收集范围,也不用考虑中水回收利用;

(2)整个屋顶雨水回收量大,不需对整个屋面的雨水进行回收,对屋顶进行局部雨水回收即可。

根据以上结论及雨水收集利用工艺流程图,建立雨水回用水量平衡关系,确定两个方案的具体雨水收集范围,计算结果如图 5-70 所示。

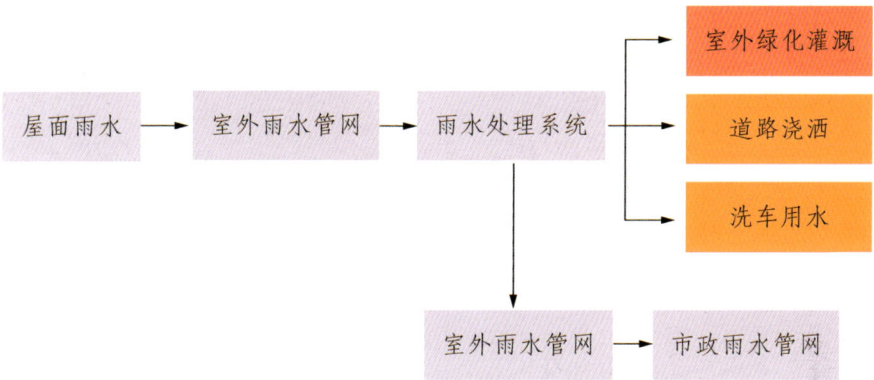

图 5-70　雨水收集利用工艺流程图

两个方案的非传统水源水量平衡分析如图 5-71、图 5-72 所示。其中,雨水处理站的耗损和自耗水量按 10% 计算。

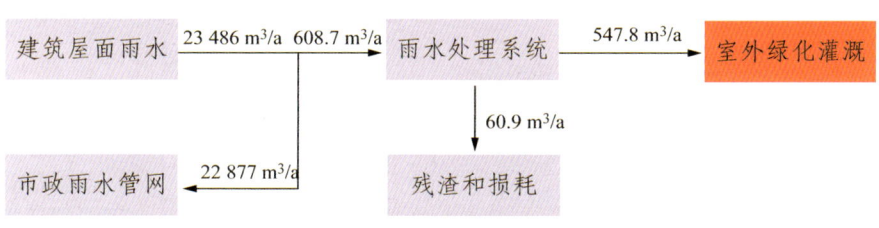

图 5-71　方案 1 水量平衡图

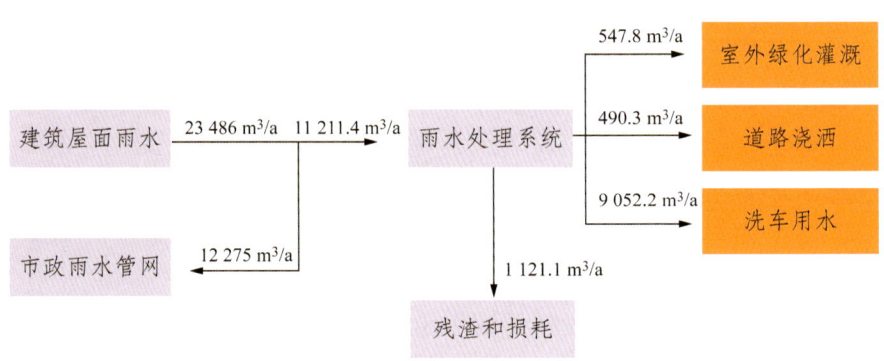

图 5-72　方案 2 水量平衡图

3．经济性分析

根据各方案的系统处理规模、投资成本、节约费用等方面的计算，对两方案进行分析，结果如表 5-59 所示。

表 5-59　两种方案的经济性分析

项　目	方案 1	方案 2
用　途	室外绿化灌溉	绿化灌溉、道路浇洒及洗车用水
需用水量/（m³/a）	547.8	10 090.3
非传统水源	屋顶雨水	
屋顶雨水收集范围	2.4%	43.0%
系统方案	蓄水池：18 m³； 处理规模：6 m³； 清水池：18 m³	蓄水池：165 m³； 处理规模：55 m³； 清水池：165 m³
成本投资/万元	4.3	31.75
年节约费用/元	2 492.5	45 910.9
静态回收期/年	17.3	6.9

通过以上经济性分析可知，方案 1 投资成本低，仅为 4.3 万元，一年内节约的水费也少，为 2 492.5 元，静态回收期很长，达 17.3

年，一般不采用；方案 2 的投资成本为 31.75 万元，一年内节约的水费为 45 910.9 元，静态回收期为 6.9 年，回收期短。另外，采用方案 2 在绿建获得的分数比方案 1 还高 5 分。因此，非传统水源利用方案 2，即回收利用屋顶 43% 的雨水用于室外绿化灌溉、道路浇洒、汽车用水。

5.4.4 小 结

通过本章的研究工作，结合系统能耗计算及经济性分析，确定了沙坪坝交通枢纽上盖超高层塔楼最优给水方式为高位水箱供水。另外，通过可行方案比较后确定可交通枢纽整体的非传统水源的利用方案。但本专题的研究对象不是交通枢纽部分，因此，不计在交通枢纽部分整体综合节能率的计算中。

5.5 总 结

本课题对铁路交通枢纽的建筑特点、用能特征进行分析后确定了影响这类建筑用能的关键环节，总结各关键环节存在的普遍问题、提出具体问题的解决途径。基于以上研究成果，以沙坪坝交通枢纽综合体为依托项目，以交通枢纽部分（站房 + 地下区域）为深入研究对象，根据交通枢纽自身及其周围的地理、气象特点，遵循"被动式优先，主动式优化，经济适用"的原则，对依托项目的关键环节展开具体的节能措施研究。各专题研究均在调研数据的基础上，利用模拟、计算等手段，对多个可选方案进行比选分析，进而确定最终的节能方案。

本课题为其他复杂大型交通枢纽综合体的节能研究提供思路，研究结论为其他大型交通枢纽综合体系统节能设计提供参考。

下面将以研究确定的节能方案为基础，对交通枢纽部分（站房 + 地下区域）的整体节能效果进行总结、计算。此外，由于我国目前出台的《民用建筑能耗标准》GB/T 51161—2016仅针对住宅及办公、旅馆、商场类公共建筑给出相关能耗指标，缺乏交通枢纽用能的衡量标准，因此本课题将依据国家及地方相关节能标准，设定与沙坪坝交通枢纽外形相同、建筑围护及用能系统符合常规设计方式的普通交通枢纽作为参照建筑，并将其用能水平作为节能计算的参照对象。

1. 建筑本体专题

（1）围护结构保温隔热。由于交通枢纽类建筑具有人员密度大（新风量大）、发热量大及周围环境湿度大的特点，围护结构的保温隔热对空调采暖系统能耗的影响不显著，其围护结构的传热系数满足重庆《公共建筑节能（绿色建筑）设计标准》DBJ50-052-2013即可。由于该方案与普通交通枢纽（参照建筑）的保温隔热水平相当，因此该部分不计入节能计算中。

（2）大面积外窗及天窗的遮阳形式。本方案仅针对具有大面积外窗及天窗的站房区域，最终确定站房的遮阳方案为采用较低遮阳系数的玻璃（SC值不大于0.3）+可调内遮阳，与参照建筑的站房区域相比，该方案冷热负荷可降低4.31%。

（3）天窗的自然采光。本方案仅针对具有天窗部分的站房区域，最终确定站房天窗比为5%时满足室内自然采光要求，达到降低照明系统能耗的目的，同时可保证不大幅增加空调及采暖系统能耗。与参照建筑（天窗比为15%）的站房区域相比，节能率达到3.1%。

（4）地下空间自然采光。本方案仅针对具有自然采光条件的地下一层站台区域，最终确定天窗比为8%，该方案可大幅降低该区域照明能耗，与参照建筑的对应区域相比，节能率可达到30%。

2. 空调系统专题

（1）空调末端。

本专题以候车厅为例,对其承担显热负荷的空调末端方案进行优化。初步确定进行比选的方案分别为① 辐射地板;② 溶液机组全空气。两种方案的全年运行能耗分别为

① 辐射地板:0.25(夏季)+ 0.38(冬季)= 6.3×10^3(kW·h);

② 溶液机组全空气:2.75(夏季)+ 2.10(冬季)= 4.85×10^4(kW·h)。

(2)冷热源。

本专题以候车厅为例,对其冷热源方案进行优化。初步确定进行比选的方案为① 蒸发式风冷热泵;② 常规风冷热泵。这两种方案的全年运行能耗分别为

① 蒸发式风冷热泵:1.22×10^5 kW·h;

② 常规风冷热泵:1.75×10^5 kW·h。

(3)冷热负荷优化。

由于建筑本体优化方案,使得建筑空调采暖系统所需提供的冷、热负荷有所降低,节能率可达到 8.1%。

3.照明系统(电气专题)

(1)对于站房及具有自然采光条件的地下一层区域,在上述自然采光研究成果的基础上,通过对节能灯具的选择及布置方案进行优化设计,进一步优化控制灯具的开启策略,该区域全年节能率可达 63%。

(2)对于不具有自然采光条件的其他区域,通过对节能灯具的选择及布置方案进行优化设计,并采用相应的灯具控制策略,该区域全年节能率可达 42%。

4.交通枢纽的整体节能率计算

基于以上与交通枢纽相关的专题研究后,分别计算交通枢纽空调系统、照明及整体的节能率。

（1）空调采暖系统。

空调系统主要包括冷热源及空调末端，其中空调末端比选仅对室内显热负荷部分进行了计算，因此首先对潜热负荷所需的风机能耗进行估算。

两种方案处理潜热负荷均采用常规空调机组（或新风机组），通过对典型日负荷的分项拆分发现，新风潜热负荷所占比例为44.2%、室内显热负荷为24.3%、室内潜热负荷为18.3%、新风显热负荷为13.2%。其他负荷与室内显热负荷的比例为（44.2% + 18.3% + 13.2%）/24.3%≈3，因此估算其风机能耗约为全空气系统仅承担室内显热负荷情况下的风机能耗的3倍。

综合考虑空调末端系统及冷热源系统，计算优化后空调采暖系统方案的节能率为

$$\frac{(4.85\times(1+3)+17.5)-(0.63+4.85\times3+12.2)}{(4.85\times(1+3)+17.5)}=26\%$$

此外，由于建筑本体优化降低冷热负荷，从根本上降低了8.1%的空调采暖系统能耗，考虑该部分节能率后，计算得到交通枢纽空调采暖系统最终的节能率为

$$1-(1-8.1\%)\times(1-26\%)=31.8\%$$

（2）照明系统。

可利用自然采光的区域面积为22 300 m^2，不具有自然采光利用条件的区域面积为285 300 m^2，根据上述两区域分别计算得到照明能耗节能率，按照面积加权的方式，交通枢纽照明系统最终的节能率为

$$1-\frac{(1-63\%)\times22\,300+(1-42\%)\times285\,300}{22\,300+285\,300}=44\%$$

（3）整个交通枢纽。

根据已有能耗调研数据，交通枢纽类建筑各用能系统的能耗占比分别为空调系统 50%、照明系统 40%、电梯系统 5%、室内设备 5%，建筑靠市政余压供水。可见，电梯、室内设备的能耗占比较小，建筑主要节能贡献来自空调、照明系统。

根据既有能耗调研数据得到各分项能耗的占比情况，计算交通枢纽整体的节能率为

$$31.8\% \times 50\% + 44\% \times 40\% = 33.6\%$$

因此，通过对交通枢纽展开节能措施研究，采用新材料、新工艺后实现沙坪坝综合交通枢纽节能率为 33.6%。

第 6 章

成果应用及效益分析

6.1 研究成果推广应用状况

本课题主要针对沙坪坝综合交通枢纽节能设计开展研究，在建筑本体节能方面，着重于建筑保温隔热措施、自然采光等方面研究；在暖通空调系统方面着力构建基于分布式送风方式的分层空调系统，将温湿度独立控制的空调理念应用于快速发展的铁路客站建设中；在节水方面，结合污水处理回用与雨水收集利用，制定适宜于本项目的可行方案；在电气系统方面，着重于照明系统节能设计和能源计量监控系统研究。

以上各研究成果为自然条件相似、功能特点相同等同类建筑提供指导建议，为其他具有相似特点类型建筑提供参考节能研究思路。在整个项目研究过程中已录用并发表期刊文章 11 篇，对本课题的研究成果起到了很好的推广作用。

6.2 经济及社会效益分析

本课题的研究为综合交通枢纽这类建筑及依托工程的节能设计提供重要的理论和技术支撑，并为国内同类建筑提供有力示范和指导，对今后综合交通枢纽开展节能设计应用具有重要的实践意义，通过对以上关键环节的节能措施研究，交通枢纽综合节能 33.6%，节能效果显著。

此外，本课题的研究成果有助于切实提高新建交通枢纽各系统的设计和运行管理水平，实现这类特殊场合节能运行，从而实现整个综合交通枢纽的运行节能，为节能减排事业提供重要的理论基础和技术支撑。

附录 1

《国家重点节能低碳技术推广目录》
（2015 年版 节能部分）

序号	技术名称	主要技术内容	该技术在行业内的推广潜力/%	未来 5 年节能减碳潜力		
				预计总投入/万元	预计节能能力/(10^4 tce/a)	预计二氧化碳减排能力/(10^4 tCO_2/a)
128	Low-E 节能玻璃技术	在普通浮法玻璃生产线锡槽的末端或者退火窑的前端增加一套 Low-E 镀膜设施，在浮法玻璃生产线上实现在线 CVD 或者 PCVD 镀膜生产	10	264 000	95	251
129	烧结多孔砌块及填塞发泡聚苯乙烯烧结空心砌块节能技术	利用固体废弃物煤矸石及荒山页岩为原料，生产环节耗能低，利用烧结多孔砌块或内填聚苯材料的新型建材替代建筑物外墙保温，实现了非承重墙隔热节能的效果	10	200 000	50	132
144	智能调节透反射率节能玻璃膜	将具有温控相变特性的二氧化钒纳米粉体通过共混手段均匀地分散在 PET 原料中并拉制成具有三层不同结构的薄膜。薄膜在室温较高的情况下，通过金属相二氧化钒的二次反射阻隔 80% 以上的太阳热；在室温较低的情况下积极有效地导入太阳热	2	100 000	11	24
191	动态谐波抑制及无功补偿综合节能技术	针对负载需要，动态抑制各次谐波、补偿无功功率，使得电源侧电流谐波含量降低，调节三相不平衡，提高用户的电能质量，降低线路损耗	30	60 000	10	26

续表

序号	技术名称	主要技术内容	未来5年节能减碳潜力			
			该技术在行业内的推广潜力/%	预计总投入/万元	预计节能能力/(10^4 tce/a)	预计二氧化碳减排能力/(10^4 tCO_2/a)
197	电子膨胀阀变频节能技术	在空调以及冷冻、冷藏设备上应用电子膨胀阀,采用变频节能技术提高上述设备的能效	50	20 000	85	224
201	基于低压高频电解原理的循环水系统防垢提效节能技术	低压高频电解技术快速降低水体还原电位;通过三组高频电极周期转换提高电解效果;通过负极水垢收集器捕捉水中的钙镁离子,降低水的硬度,从根本上解决结垢问题	10	450 000	260	686
209	变频优化控制系统节能技术	自动适时监测电机、变频器和负载的运行情况,并根据专家库系统进行运行寻优,使三者达到最佳匹配,实现节电和减少谐波污染的效果	10	21 340	11	29
219	ORC螺杆膨胀机低品位余热发电技术	利用经过转子型线优化的高效螺杆膨胀机,使用有机工质R245fa作为ORC发电的工作介质,回收低品位余热并发电	20	2 500 000	150	400
220	热泵节能技术	地源热泵技术是利用地下浅层地热,可供热又可制冷的高效节能系统	50	120 000	90	207
		水源热泵技术是利用地下浅层水源和地表水源中的低温热能,实现低位热能向高位热能转移的一种技术	70	8 000 000	80	184
221	热泵技术之三——空气源热泵冷、暖、热水三联供系统技术	高度集成"三位一体",采用电驱动,蒸气压缩循环,供冷同时供生活热水、供暖同时供生活热水,也能单独供冷、单独供暖、单独供生活热水的设备	60	700 000	89	235
223	夹芯复合轻型建筑结构体系节能技术	集结构与保温于一体的新型剪力墙结构体系	10	240 000	100	264

续表

序号	技术名称	主要技术内容	未来 5 年节能减碳潜力			
			该技术在行业内的推广潜力/%	预计总投入/万元	预计节能能力/(10^4 tce/a)	预计二氧化碳减排能力/(10^4 tCO_2/a)
224	节能型合成树脂幕墙装饰系统技术	以合成树脂为主要黏结材料,各种助剂配制成腻子以及各种涂料,分层施涂在建筑物墙体上,替代传统铝塑板幕墙,节约生产、施工和使用能耗	10	225 000	130	343
225	温湿度独立调节系统	温湿度独立调节空调系统采用两套独立的系统,分别控制、调节室内空气的温度与湿度	5	2 000 000	175	462
226	动态冰蓄冷技术	制冷剂直接与水进行热交换,水结成絮状冰晶;同时,生成和溶化不需二次热交换,大大提高了空调的能效。冰浆总体移峰填谷能力优于传统冰蓄冷技术	5	2 340 000	全年转移峰时电量 52×10^9 kW·h,减少电厂装机容量 1.18×10^7 kW	400
227	中央空调全自动清洗节能技术	每天全自动清洗中央空调冷凝器 36 次,使中央空调冷凝器始终处于清洁状态。系统全自动运行,自身不耗电,节能减排效果好	5	32 000	200	528
228	过程能耗管控系统技术	电、水、气等能源过程参数实时测量,对能源、用能设备与用能过程进行实施监测和管理,发现并消除无效能耗,鉴别并管控低能效行为,以实现用能效率的持续改善	10	450 000	130	343
230	墙体用超薄绝热保温板技术	由芯材与真空保护表层复合而成,其中填充芯材主要是低导热系数的芯材填料,外层采用多层复合材料,整板抽真空后密封。可大幅度降低导热系数,提高保温板绝热性能	20	900 000	245	647

续表

序号	技术名称	主要技术内容	未来5年节能减碳潜力			
			该技术在行业内的推广潜力/%	预计总投入/万元	预计节能能力/(10^4 tce/a)	预计二氧化碳减排能力/(10^4 tCO_2/a)
231	磁悬浮变频离心式中央空调机组技术	直流变频驱动技术,高效换热器技术,过冷器技术,基于工业微机的智能抗喘振技术,磁悬浮无油运转技术,根本上提高了离心式中央空调的运行效率和性能稳定性	10	50 000	39	102
232	建筑(群落)能源动态管控优化系统技术	为建筑节能提供物联网动态管理,形成建筑群落、分布式能源和单栋建筑的整体能源控制与优化服务。同时,感知用能设备的运行状况与故障报警,实现最大限度节能减排	10	600 000	120	317
233	分布式能源冷热电联供技术	用能建筑就近建设能源站,采用一次能源天然气作为主要能源发电,发电机产生的尾气用来制冷与采暖,能源梯级利用,能源利用率可高达85%	10	150 000	90	238
234	基于实际运行数据的冷热源设备智能优化控制技术	适合于中央空调、锅炉等复杂、非线性和时变性系统的优化控制。该系统由控制接口、设备模型、环境模型、系统运行模型、数据库等构成,节能率在20%~60%	10	300 000	32	84
235	分布式水泵供热系统技术	分布式水泵工艺改造、气候补偿、分时分区、集中监控	5	100 000	104	275
236	基于人体热源的室内智能控制节能技术	本技术采用RF射频技术、红外技术对人体移动热源的监测,配合环境及气象参数采集、预置时间策略、用能管理策略与能耗数据分析模型构成的智能化室内节能控制系统	10	40 000	142	375

续表

序号	技术名称	主要技术内容	该技术在行业内的推广潜力/%	未来5年节能减碳潜力		
				预计总投入/万元	预计节能能力/(10^4 tce/a)	预计二氧化碳减排能力/(10^4 tCO_2/a)
237	基于冷却塔群变流量控制的模块化中央空调节能技术	采用冷却塔群变流量技术，充分利用冷却塔有效换热面积，提高冷却效率，减少冷却水流量需求，降低主机及冷却水泵的能耗；采用双变流量技术，用一次泵系统实现主机定流量安全运行、末端变流量节能运行，降低冷冻水泵的能耗；由传统的采集所有温度、压力、流量等信号，由上位机集中处理后发出指令去驱动相关设备，变为独立采集相关设备信号后直接驱动的方式，实现模块化控制，各个设备按预先设定运行	1	75 000	25	66
238	低辐射玻璃隔热膜及隔热夹胶玻璃节能技术	该技术产品通过控制红外反射率的溅射技术、纳米涂布技术、紫外阻隔技术等，降低建筑物窗体热损失，与Low-E玻璃相比，可实现低成本节能	10	100 000	21	55
239	溴化锂吸收式冷凝热回收技术	针对同时有制冷制热需求的用户，通过采用冷凝热回收技术回收制冷剂冷凝废热，在制冷的同时产生80~90℃的高温热水，降低机组的运行能耗	20	31 104	16	42
240	浅层地能利用之一：单井循环换热地能采集技术	以循环水为介质，单井全封闭循环换热采集浅层地能，实现在动态平衡下自然能源的循环利用。具有较强的可设计性和较为广泛的适应性	20	4 200 000	300	792
241	浅层地能利用之二：浅层地（热）能同井回灌技术	采用独特的成井工艺，井深为150~260 m，解决了换热提能问题，四周添加了250 m厚的石英砂为滤料层，标准颗粒直径为3~5 mm，改变了现有的地质结构，降低了水流的流速，延长水与土壤的交换，提高了换热量，使出水温度处于恒定状态	8	396 000	27	71

续表

序号	技术名称	主要技术内容	未来5年节能减碳潜力			
			该技术在行业内的推广潜力/%	预计总投入/万元	预计节能能力/(10^4 tce/a)	预计二氧化碳减排能力/(10^4 tCO_2/a)
243	燃气锅炉烟气余热利用技术之一：宽通道双级换热燃气锅炉烟气余热回收技术	通过设置两级换热器，充分回收燃气锅炉排烟中的显热和潜热。利用高效气-气换热器回收燃气锅炉烟气余热余热锅炉给风；利用高效气-水换热器回收烟气余热预热燃气锅炉给水。提高了锅炉能效，实现了节能减排	20	50 000	10	23
244	燃气锅炉烟气余热利用技术之二：烟气源热泵供热节能技术	采用三级降温两级换热的热能梯级利用方式，利用气水换热器和烟气源热泵将烟气中的热能（显热和潜热）回收利用	3	50 000	10	24
245	燃气锅炉烟气余热利用技术之三：喷淋吸收式烟气余热回收利用技术	通过中间介质在直接接触式烟气冷凝换热器中吸收烟气冷凝热；通过吸收式热泵采用喷淋式直接接触式换热方式，使系统排烟降温至露点温度以下，回收烟气余热用于加热热网回水。解决了间壁式烟气换热器存在的腐蚀难题，提高了天然气锅炉供热系统的能效	10	800 000	340	554

附录 2

建筑业 10 项新技术（2017 版，节选）

住房和城乡建设部

8 防水技术与围护结构节能

……

8.7 高性能外墙保温技术

8.7.1 石墨聚苯乙烯板外保温技术

8.7.1.1 技术内容

石墨聚苯乙烯板是在传统的聚苯乙烯板的基础上，通过化学工艺改进而成的产品。与传统聚苯乙烯相比具有导热系数更低、防火性能高的特点。石墨聚苯乙烯外墙保温系统（见图 8-1）常用于建筑物外墙外侧，由胶黏剂、石墨聚苯乙烯板、锚栓、抹面胶浆、耐碱玻纤网格布、饰面层等组成。

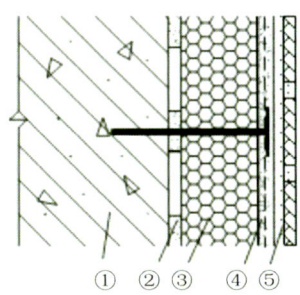

①—基层墙体；②—黏结层；③—石墨聚苯乙烯/硬泡聚氨酯板；
④—抹面层；⑤—饰面层。

图 8-1 石墨聚苯乙烯/硬泡聚氨酯板外墙保温系统构造示意图

8.7.1.2　技术指标

系统应符合《外墙外保温工程技术规程》JGJ 144的要求，可参考《模塑聚苯板薄抹灰外墙外保温系统材料》GB/T 29906中对系统的性能要求（见表8-12）

表8-12　石墨聚苯乙烯板基本性能指标

性能指标	
密度/（kg/m^3）	≥18
压缩强度（10%变形）/kPa	≥100
导热系数/[W/（m·K）]	≤0.033
燃烧性能等级	B1级

8.7.1.3　适用范围

适用于新建建筑和既有建筑节能改造中各种主体结构的外墙外保温，适宜在严寒、寒冷和夏热冬冷地区使用。

8.7.1.4　工程案例

北京佳成广场等项目。北京、沈阳、天津、青岛、西安、南通等地均有使用。

8.7.2　硬泡聚氨酯板外保温技术

8.7.2.1　技术内容

聚氨酯是由双组分混合反应形成的具有保温隔热功能的硬质泡沫塑料。聚氨酯硬泡保温板是以聚氨酯硬泡为芯材，两面覆以非装饰面层，在工厂成型的保温板材。由于硬泡聚氨酯板采用工厂预先发泡成型的技术，因此硬泡聚氨酯板外保温系统与现场喷涂施工相比具有不受气候干扰、质量保证率高的优点。硬泡聚氨酯板外墙保温系统（见图8-1）常用于建筑物外墙外侧，由胶黏剂、聚氨酯板、锚栓、抹面胶浆、耐碱玻纤网格布、饰面层等组成。

8.7.2.2　技术指标

聚氨酯外保温系统应符合《外墙外保温工程技术规程》JGJ 144、

《硬泡聚氨酯保温防水工程技术规范》GB 50404、《硬泡聚氨酯板薄抹灰外墙外保温系统材料》JGT 420、《膨胀聚苯板薄抹灰外墙外保温系统》JG 149 的相关要求（见表 8-13）。

表 8-13　硬泡聚氨酯板外保温系统性能指标

项　目	性能指标
抗风压值	系统抗风压值不小于工程项目的风荷载设计值，且安全系数 K 值不小于 1.5
抗冲击强度	建筑物首层墙面以及门窗口等易受碰撞部位：≥10J 级；建筑物二层以上墙面等部位：≥3J 级
吸水量（浸水 1 h）/g/m²	<1 000
耐冻融性能	30 次冻融循环后，抹面层无裂纹、空鼓、脱落现象；保护层与保温层拉伸黏结强度不小于 0.1 MPa，破坏部位应位于保温层
耐候性	经 80 次高温（70 ℃）—淋水（15 ℃）循环和 5 次加热（50 ℃）—冷冻（-20 ℃）循环后，无饰面层起泡或剥落、保护层空鼓或脱落，无产生渗水裂缝

8.7.2.3　适用范围

适用于新建建筑和既有建筑节能改造中各种主体结构的外墙外保温，适宜在严寒、寒冷和夏热冬冷地区使用。

8.7.2.4　工程案例

北京市海淀区老旧小区改造工程。在北京、沈阳、天津、青岛、西安、南京、上海等地工程中均有使用。

8.8　高效外墙自保温技术

8.8.1　技术内容

常用自保温体系以蒸压加气混凝土、陶粒增强加气砌块、硅藻土保温砌块（砖）、蒸压粉煤灰砖、淤泥及固体废弃物制保温砌块（砖）和混凝土自保温（复合）砌块等为墙体材料，并辅以相应的节点保温构造措施。高效外墙自保温体系对墙体材料提出了更高的热工性能要求，以满足夏热冬冷地区和夏热冬暖地区节能设计标准的要求。

8.8.2 技术指标

主要技术性能如表8-14所示，其他技术性能参见《蒸压加气混凝土砌块》GB/T 11968、《蒸压加气混凝土应用技术规程》JGJ 17和《烧结多孔砖和多孔砌块》GB 13544的标准要求；节能设计参见《公共建筑节能设计标准》GB 50189、《夏热冬冷地区居住建筑节能设计标准》JGJ 134、《夏热冬暖地区居住建筑节能设计标准》JGJ 75等标准的要求，同时需满足各地地方标准要求。

表8-14 自保温体系的墙体材料技术指标

项 目	指 标
干体积密度/(kg/m³)	425～825
抗压强度/MPa	≥3.5，且符合对应标准等级的抗压强度要求
导热系数/[W/(m·K)]	≤0.2
体积吸水率/%	15～25

8.8.3 适用范围

适用于夏热冬冷地区和夏热冬暖地区的建筑外墙、分户墙等，可用于高层建筑的填充墙或低层建筑的承重墙体。

8.8.4 工程案例

苏州高新区科技城文体中心、南京碧堤湾畔花园小区、苏州工业园区独墅湖学校、苏州姑苏区金茂府小区、常州现代传媒中心。

8.9 高性能门窗技术

8.9.1 高性能保温门窗

8.9.1.1 技术内容

高性能保温门窗是指具有良好保温性能的门窗，应用最广泛的主要包括高性能断桥铝合金保温窗、高性能塑料保温门窗和复合窗。

高性能断桥铝合金保温窗是在铝合金窗基础上为提高门窗保温

性能而推出的改进型门窗，通过尼龙隔热条将铝合金型材分为内外两部分，阻隔铝合金框材的热传导。同时框材再配上 2 腔或 3 腔的中空结构，腔壁垂直于热流方向分布，多道腔壁对通过的热流起到多重阻隔作用，腔内传热（对流、辐射和导热）相应被削弱，特别是辐射传热强度随腔数量增加而成倍减少，使门窗的保温效果大大提高。高性能断桥铝合金保温门窗采用的玻璃主要采用中空 Low-E 玻璃、三玻双中空玻璃及真空玻璃。

高性能塑料保温门窗，即采用 U-PVC 塑料型材制作而成的门窗。塑料型材本身具有较低的导热性能，使得塑料窗的整体保温性能大大提高。另外通过增加门窗密封层数、增加塑料异型材截面尺寸厚度、增加塑料异型材保温腔室、采用质量好的五金件等方式来提高塑料门窗的保温性能。同时为增加窗的刚性，在塑料窗窗框、窗扇、梃型材的受力杆件中，使用增强型钢增加了窗户的强度。高性能塑料保温门窗采用的玻璃主要采用中空 Low-E 玻璃、三玻双中空玻璃及真空玻璃。

复合窗是指型材采用两种不同材料复合而成，使用较多的复合窗主要是铝木复合窗和铝塑复合窗。铝木复合窗是以铝合金挤压型材为框、梃、扇的主料作受力杆件（承受并传递自重和荷载的杆件），另一侧覆以实木装饰制作而成的窗，由于实木的导热系数较低，因而使得铝木复合窗整体的保温性能大大提高。铝塑复合窗是用塑料型材将室内外两层铝合金既隔开又紧密连接成一个整体，由于塑料型材的导热系数较低，所以做成的这种铝塑复合窗保温性能也大大提高。复合窗采用的玻璃主要采用中空 Low-E 玻璃、三玻双中空及真空玻璃。

8.9.1.2　技术指标

公共建筑使用的门窗的传热系数应符合《公共建筑节能设计标准》GB 50189 的规定，其限值不得大于标准中表 3.4.1-3 的规定。

居住建筑使用的门窗按所在气候区的不同，其传热系数应相应符合《严寒和寒冷地区居住建筑节能设计标准》JGJ 26、《夏热冬暖地区居住建筑节能设计标准》JGJ 75 和《夏热冬冷地区居住建筑节能设计标准》JGJ 134 的规定，不应高于门窗的最大限值要求。

8.9.1.3　适用范围

适应用于公共建筑、居住建筑，广泛应用于低能耗建筑、绿色建筑、被动房等对门窗保温性能要求极高的建筑。

8.9.1.4　工程案例

中国建筑科研院节能示范楼、河北高碑店中国门窗城、中德合作被动式低能耗示范建筑"在水一方"、绿色居住建筑三星项目"昆明市 2012 年大漾田市级统建公共租赁住房项目"、绿色公共建筑三星项目"中国石油大厦"。

8.9.2　耐火节能窗

8.9.2.1　技术内容

该技术是针对国标《建筑设计防火规范》GB 50016 对高层建筑中部分外窗应具有耐火完整性要求研发而成。建筑外窗作为建筑物外围护结构的开口部位，是火灾竖向蔓延的重要途径之一，外窗的防火性能已成为阻止高层建筑火灾层间蔓延的关键因素；同时建筑外窗也是建筑物与外界进行热交换和热传导的窗口，因此在高层建筑上应用同时具备耐火和节能性能的窗，有重大的工程应用价值。

耐火窗是指在规定时间内，能满足耐火完整性要求的窗。目前市场上主流的建筑外窗，如断桥铝合金窗、塑钢窗等，经采取一定的技术手段，可实现耐火完整性不低于 0.5 h 的要求。对有耐火完整性要求的建筑外窗，所用玻璃最少有一层应符合《建筑用安全玻璃　第 1 部分　防火玻璃》GB 15763 的规定，耐火完整性达到 C 类不小于 0.5 h 的要求。

外窗型材所用的加强钢或其他增强材料应连接成封闭的框架。在玻璃镶嵌槽口内宜采取钢质构件固定玻璃，该构件应安装在增强型材料钢主骨架上，防止玻璃受火软化后脱落窜火，失去耐火完整性。耐火窗所使用的防火膨胀密封条、防火密封胶、门窗密封件、五金件等材料，应是不燃或难燃材料，其燃烧性能应符合现行国家标准的要求。

耐火窗可以采用湿法和干法安装，与普通窗洞口安装不一样的地方就是在洞口与窗框之间的密封要采用防火阻燃密封材料（如防火密封胶）。

8.9.2.2　技术指标

高层建筑耐火节能窗的耐火完整性按照《镶玻璃构件耐火试验方法》GB/T 12513 试验，其耐火完整性不小于 0.5 h。

按照《建筑外门窗保温性能分级及检测方法》GB/T 8484 的规定进行试验，其传热系数可以满足工程设计要求。

8.9.2.3　适用范围

（1）住宅建筑。

建筑高度大于 27 m，但不大于 100 m，当其外墙外保温系统采用 B1 级保温材料时，其建筑外墙上门、窗的耐火完整性不应小于 0.5 h；建筑高度不大于 27 m，当其外墙外保温系统采用 B2 级保温材料时，其建筑外墙上门、窗的耐火完整性不应小于 0.5 h。

建筑高度大于 54 m 的住宅建筑，每户应有一间房间的外窗耐火完整性不宜小于 1.0 h。

（2）除住宅建筑外的其他建筑（未设置人员密集场所）。

建筑高度大于 24 m，但不大于 50 m，当其外墙外保温系统采用 B1 级保温材料时，其建筑外墙上门、窗的耐火完整性不应小于 0.5 h。

建筑高度不大于 24 m，当其外墙外保温系统采用 B2 级保温材料时，其建筑外墙上门和窗的耐火完整性不应小于 0.5 h。

8.9.2.4　工程案例

苏州郡、太原恒大翡翠城、中山中交南山美庐、泰安恒大城、葫芦岛-山河半岛。

8.10 一体化遮阳窗

8.10.1 技术内容

遮阳是控制夏季室内热环境质量、降低制冷能耗的重要措施。遮阳装置多设置于建筑透光围护结构部位，以最大限度地降低直接进入室内的太阳辐射。将遮阳装置与建筑外窗一体化设计便于保证遮阳效果、简化施工安装、方便使用保养，并符合国家建筑工业化产业政策导向。

活动遮阳产品与门窗一体化设计，主要受力构件或传动受力装置与门窗主体结构材料或与门窗主要部件设计、制造、安装成一体，并与建筑设计同步的产品。主要产品类型有内置百叶一体化遮阳窗、硬卷帘一体化遮阳窗、软卷帘一体化遮阳窗、遮阳篷一体化遮阳窗和金属百叶帘一体化遮阳窗等。

分类如下：

（1）按遮阳位置分外遮阳、中间遮阳和内遮阳。

（2）按遮阳产品类型分内置遮阳中空玻璃、硬卷帘、软卷帘、遮阳篷、百叶帘及其他。

（3）按操作方式分电动、手动和固定。

8.10.2 技术指标

影响一体化遮阳窗性能的指标有操作力性能、机械耐久性能、抗风压性能、水密性能、气密性能、隔声性能、遮阳系数（见表8-15）、传热系数（见表8-16）、耐雪荷载性能等详见《建筑一体化遮阳窗》JG/T 500，施工时应符合《建筑遮阳工程技术规范》JGJ 237。

表 8-15 遮阳性能分级

分级	2	3	4
指标值	$0.6 < SC \leq 0.7$	$0.5 < SC \leq 0.6$	$0.4 < SC \leq 0.5$
分级	5	6	7
指标值	$0.3 < SC \leq 0.4$	$0.2 < SC \leq 0.3$	$SC \leq 0.2$

注：一体化遮阳窗遮阳性能以遮阳部件收回、伸展状态下遮阳系数 SC 表示。

表 8-16 传热系数分级

分级	1	2	3	4	5
分级指标值 /[W/(m²·K)]	$K \geq 5.0$	$5.0 > K \geq 4.0$	$4.0 > K \geq 3.5$	$3.5 > K \geq 3.0$	$3.0 > K \geq 2.5$
分级	6	7	8	9	10
分级指标值 /[W/(m²·K)]	$2.5 > K \geq 2.0$	$2.0 > K \geq 1.6$	$1.6 > K \geq 1.3$	$1.3 > K \geq 1.1$	$K < 1.1$

注：一体化遮阳窗保温性能以遮阳部件收回、伸展状态下窗传热系数 K 值表示。

8.10.3 适用范围

适合于我国寒冷、夏热冬冷、夏热冬暖、温和等地区的工业与民用建筑。

8.10.4 工程案例

江苏省绿色建筑博览园、南京怡康街招商地产雍华府项目、南京麒麟山庄小区、苏州正荣国领项目、海门龙信广场。

参考文献

[1] BUILDING ENERGY RESEARCH CENTER OF TSINGHUA UNIVERSITY. 2014 Annual report on China building energy efficiency[M]. China Architecture & Building Press, Beijing, 2014.

[2] X H LIU, Z LI, T ZHANG. Liquid desiccant dehumidification[M]. China Architecture& Building Press, Beijing, 2014.

[3] W KESSLING, E LAEVEMANN, C KAPFHAMMER. Energy storage for desiccant cooling systems component development[J]. Sol. Energy, 1998 (64) :209-221.

[4] Y G YIN, X S ZHANG,G WANG, L LUO. Experimental study on a new internally cooled/heated dehumidifier/regenerator of liquid desiccant systems[J]. Int. J. Refrig., 2008 (31): 857-866.

[5] T ZHANG, X H LIU, J J JIANG, X M CHANG, Y JIANG. Experimental analysis of aninternally cooled liquid desiccant dehumidifier[J]. Build. Environ, 2013 (63):1-10.

[6] J LIU, T ZHANG, X H LIU, J J JIANG. Experimental analysis of an internally cooled/heated liquid desiccant dehumidifier/regenerator made of thermally conductive plastic[J]. Energy Build, 2015 (99): 75-86.

[7] P BANSAL, S JAIN, C MOON. Performance comparison of an adiabatic and an internally cooled structured packed-bed dehumidifier[J]. Appl. Therm. Eng., 2011(31): 14-19.

[8] T W CHUNG, H WU. Comparison between spray towers with

and without fincoils for air dehumidification using triethylene glycol solutions and development of the mass-transfer correlations[J]. Ind. Eng. Chem. Res., 2000 (39): 2076-2084.

[9] M TU, C Q REN, G F TANG, Z S ZHAO. Performance comparison between two novel configurations of liquid desiccant air-conditioning system[J]. Build. Environ., 2010(45): 2808-2816.

[10] ADI JR M, RIFFAT S. Experimental investigation of a biomass-fuelled micro-scale tri-generation system with an organic Rankine cycle and liquid desiccantcooling unit[J]. Energy, 2014(71): 80-93.

[11] 周志伟. 供热系统大温差供热优化运行的研究与应用[D]. 北京：北京建筑大学，2014.

[12] 方豪，夏建军. 降低热网回水温度对工业余热利用系统热利用率的影响[J]. 区域供热，2015（4）：18-22.

[13] FANG H, XIA J, JIANG Y. Key issues and solutions in a district heating system using low-grade industrial waste heat[J]. Energy,2015(86):589-602.

[14] 邢雅熙，李德英，周志伟. 对当今供热系统供水温度 逐渐升高的探讨[J]. 区域供热，2014（5）：1-4.

[15] 孙健，付林，张世钢. 采用吸收式换热技术降低热网 回水温度的应用分析[J]. 区域供热，2015（4）：33-37.

[16] 李叶茂，夏建军. 增大末端换热面积降低一次网回水温度[J]. 区域供热，2015（4）：29-32.

[17] 中国建筑科学研究院. 供热计量技术规程：JGJ173-209[S]. 北京：中国建筑工业出版社，2009.

[18] 刘兰斌. 集中供热的末端通断调节与热分摊技术研究[D]. 北京：清华大学，2009.

[19] 李叶茂，夏建军，江亿. 通过末端通断控制降低热网回水温度[J]. 区域供热，2015（4）：45-49.